资助项目：国家外专局项目 Y20163700004　欧洲高山杜鹃引种筛选及驯化种植扩广
　　　　　国家外专局项目 Y20183700002　欧洲高山杜鹃种质资源引进与栽培技术
　　　　　山东省外专局项目 TG20143715　欧洲高山杜鹃种质资源与技术示范推广

杜鹃花病虫害概论

第 二 版

〔美〕罗伯特·G.林德曼　　D.迈克尔·班森　编著

郑硕理　译

中国农业出版社

北　京

图书在版编目（CIP）数据

杜鹃花病虫害概论：第二版／（美）罗伯特·G. 林
德曼，（美）D. 迈克尔·班森编著；郑硕理译. —北京：
中国农业出版社，2020.1
　ISBN 978 - 7 - 109 - 25977 - 5

　Ⅰ.①杜…　Ⅱ.①罗…②D…③郑…　Ⅲ.①杜鹃花
属－病虫害－概论　Ⅳ.①S436.8

中国版本图书馆 CIP 数据核字（2019）第 210287 号

Compendium of Rhododendron and Azalea Diseases and Pests，Second Edition
By Robert G. Linderman，D. Michael Benson
ⓒ 1986，2014by The American Phytopathological Society

DUJUANHUA BINGCHONGHAI GAILUN

中国农业出版社出版
地址：北京市朝阳区麦子店街 18 号楼
邮编：100125
责任编辑：魏兆猛　杨　春　　文字编辑：史佳丽
版式设计：杜　然　责任校对：沙凯霖
印刷：中农印务有限公司
版次：2020 年 1 月第 1 版
印次：2020 年 1 月北京第 1 次印刷
发行：新华书店北京发行所
开本：787mm×1092mm　1/16
印张：8.75　　插页：12
字数：210 千字
定价：88.00 元

PREFACE

郑硕理于2013年考入云南农业大学园林园艺学院攻读硕士学位，从事杜鹃花自然杂交与育种研究，对杜鹃花栽培与育种充满兴趣。2016年硕士毕业后到湖南省森林植物园工作，在实际的栽培研究中发现，国内几乎找不到一本相对实用的有关杜鹃花病虫害防治的教材，经过多方查阅国内外文献，发现 *Compendium of Rhododendron and Azalea Diseases and Pests* 一书相对比较实用，于是产生了翻译此书，为广大杜鹃花栽培的人士提供参考依据的想法，经过一年的准备，初稿完成，请我为他的书作序。在收到并阅读翻译稿《杜鹃花病虫害概论第二版》的初稿以后，我欣然允诺。我很高兴，杜鹃花事业后继有人，又一代的年轻人自愿投入杜鹃花的研究事业当中，未来大有希望。郑硕理这个"90后"的小伙子，自从硕士期间开始了杜鹃花研究，常常就杜鹃花的某些问题向我请教，非常认真踏实，如今在硕士刚刚毕业两年之际，就翻译了一本英文著作，实在是难能可贵。

杜鹃花是我国传统名花，栽培应用广泛，但目前杜鹃花栽培应用过程中出现许多病虫害，国内仅有少数研究报道，未有系统论述。这也是生产、栽培中急需解决的问题。

本书主要讲述杜鹃花常见病虫害，按照传染性病害、非传染性病害、病害和虫害管理以及杜鹃花虫害的顺序编排。读者可以清楚了解每种病害或虫害发病的症状，病原体种类、防治方法，并附有相关图片，实用性很强。本书是国外学者、杜鹃花产业从业者在生产实践和科学研究中多年的积累总结，其中文版的出版能弥补国内在此领域的空缺。

本书对杜鹃花产品的国际植物检疫进行了概括，部分内容能指导杜鹃花产品的出口。同时，国内从国外进口杜鹃花产品时也能参考其中的内容，本书中描述的杜鹃花病害和害虫也可作为国内进口杜鹃花的检疫对象，避免引入带病虫害的杜鹃花产品。

本书介绍了一些栽培、生产杜鹃花的实用技巧以及生产中避免病虫害暴发的共性技术，这些原理对国内杜鹃花的培育有一定的借鉴意义。

但是，本书大部分资料来自于欧洲和北美等西方国家，具体病虫害和防控措施可能同我国实际情况存在差异，并且本书中少数病虫害尚未研究透彻。因此，国内杜鹃花病虫害的资料积累和研究仍需靠中国人自己完成。杜鹃花是我国传统名花，含有"伤感思乡""乡愁"的文化内涵，同时是"革命之花""英雄之花"；部分种类还是传统的药材，栽培活动的重要性不言而喻。所以，杜鹃花栽培利用中出现的难题还需要更多研究来解决。本书还可能会存在一些翻译不妥之处，但通过本书，可使我们了解世界杜鹃花病虫害的研究现状，对我们当前栽培中出现的病虫害问题有参考价值；同时，本书的出版可起到抛砖引玉的作用，未来我国的杜鹃花事业将大有作为，一代一代传承下去，定会开出更美丽的希望之花！

2018 年 5 月 27 日

CONTENTS

引 言

一、背景

杜鹃花属（*Rhododendron*）的属名来自古希腊语，rhodon 为玫瑰之意，而 dendron 为树木之意。杜鹃花属含有超过 1 000 种的灌木、小乔木和附生灌木，绝大多数杜鹃花能绽放出美丽的花朵，杜鹃花属还包括 azalea 类型即踯躅。杜鹃花既有常绿类型也有落叶类型，且生长环境各不相同。高山种类具有迷你的花朵和叶片，而许多热带种类为附生灌木。

杜鹃花属属于杜鹃花科，属下分为亚属、组、亚组以及系。在其四大亚属中，杜鹃花亚属包括很多小叶种类，它们叶片背面带有鳞片。常绿杜鹃亚属 ［*Hymenanthes*（Blume）K. Koch］含有许多大叶种类，其叶片背面无鳞片。落叶踯躅属于羊踯躅亚属 ［*Pentanthera*（G. Don）Pojarkova］，常绿踯躅属于映山红亚属 ［*Tsutsusi*（G. Don）Pojarkova］。其他亚属都比较小，仅包含 1～5 个物种。有些杜鹃花如黑海杜鹃（*R. ponticum*）在英国和爱尔兰被视为入侵物种，它们在森林中扩张，替代了原有的林下植被。

栽培中，杜鹃花被广泛地杂交。自然界中，同域分布的不同种杜鹃花也产生了自然杂交。杜鹃花杂交栽培品种超过了 28 000 种。作为一种景观植物，杜鹃花广受褒奖并得到了大量栽培，在世界范围内作为盆花生产。

杜鹃花具有不同的抗寒性：部分种类无法在北方越冬，而另一些种类则能忍受严寒。部分踯躅也具备耐寒性，但另一些踯躅则不耐寒。它们被称为"催花踯躅"，种植于温室，可全年催花，用于特殊场合的盆花摆设。

像其他杜鹃花科植物那样，杜鹃花喜爱 pH 为 4.5～5.5 的酸性土壤。酸性土壤为杜鹃花菌根真菌提供了良好的环境，促进它们同杜鹃花形成菌根，菌根真菌能产生酶，并协助杜鹃花从有机物中吸收养分。附生类型的杜鹃花能在类似培育兰花的基质中生长。

全世界的杜鹃花都具备这些特点。在所有的商业生产和景观绿地养护中，如对于大产区和单个生产苗圃来说，疾病和害虫是很重要的一部分。绝大多数杜鹃花疾病是由真菌和卵菌纲真菌引起的，少量的疾病由细菌、病毒和线虫（根部和叶部线虫）引起。有些疾病是非传染性的，如环境胁迫和遗传异常。除此以外，昆虫能影响苗圃和景观绿地中杜鹃花的健康，而寄生植物如菟丝子、藻类可能偶尔也会带来问题。

管理疾病和昆虫的方法包括化学和生物防控，如改变栽培管理、寻找抗性基因、培育抗性植物。而令人关注的方法有使用益生生物来管理疾病和节肢害虫，通过栽培措施抑制土壤病原体，使用菌根真菌促进杜鹃花生长，保持杜鹃花健康。

本书通过描述杜鹃花疾病、害虫和引起疾病的病原体，并提供在各种环境中预防或控制它们的最佳管理措施，以期解决这些问题。管理始于繁殖并贯穿于移植、定植的整个过程，景观绿地中的养护管理亦涵盖在内。本书最关注的问题是杜鹃花的货运以及伴随而来的病原体、害虫的扩散，检疫后再运输能在最大程度上控制疾病和害虫扩散。

疾病和虫害诊断应从主要症状入手。引言后面附带的快速诊断手册能帮助读者找到主要症状，然后可到特定章节查看详细症状。

二、繁殖

杜鹃花传统的繁殖方式是扦插繁殖，即从生产苗或成品苗上剪取枝条，使用生根激素处理，将它们插入无土基质（通常是泥炭藓和蛭石、珍珠岩、浮石的混合基质）。扦插枝条末端通常剪成斜面或双斜面，再使用激素处理。扦插好的枝条通常喷雾或用干净的塑料膜覆盖保湿。

根据品种不同，杜鹃花扦插时间为早秋至 12 月。杜鹃花生根的时间可能要几个月之久。踯躅杜鹃一般用晚春至夏初的半木质化枝条繁殖，插穗不需要剪成斜面或使用激素处理。但有时这些处理是必要的，甚至需要在扦插之前进行消毒。例如，在催花踯躅栽培中，帚梗柱孢菌属枯萎病是由柱枝双孢霉（*Cylindrocladium scoparium*）引起的。

不同杜鹃花品种扦插成活率变化很大，可能是因为激素的限制和其他未知的原因。高山杜鹃较踯躅杜鹃更难生根，而高山杜鹃的生根率在不同年份间存在差异，某些年份较高。除此以外，有些品种很难用传统的扦插方式繁殖，然而这一难题已经通过组织培养的技术得到解决。组织培养就是在无菌的培养基内培养植物的微型枝条，将其移植到盆栽基质中或转入生根培养基后再移植到盆栽基质中。如此，微型、幼年枝条的生根率非常高，这是一件幸事。

在控制温度的条件下，组培繁殖可全年进行。因此，过去很多无法繁殖的品种可以开展商业化栽培。组培的杜鹃花无须担心有疾病，除了一些葡萄孢属（*Botrytis*）的真菌在出瓶炼苗时，即在高湿度环境下造成一些问题以外，一般不会出现其他问题。

三、移植和运输

扦插成活的枝条会移植到小容器内生长，随后再移植到大容器或地栽。有些人会繁殖扦插苗卖给其他种植商，由这些种植商培育为成品苗。从疾病管理的角度来看，繁殖过程中疾病会随时对植物造成危害。因此，扦插繁殖和小苗培育阶段的疾病控制对避免投资损失起到了巨大作用。

所有规格的杜鹃花，包括扦插苗、大容器苗、地栽苗都会在国内或国家之间运输。显然，将要运输的植株应是种植商挑选的无病虫害症状的植株。按照相关规定，只有通过州或联邦检疫的植株才能运输。

但是，部分植株会出现事后感染而因此逃过了病虫害症状检测。这往往是根部疾病和一些特定的叶部疾病，即使是严格的检疫也无法检测出，如栎树猝死病病菌（*Phytophthora ramorum*），在美国国内甚至是全世界范围内传播。并且，有些植株在运输前常常使用杀菌剂处理，导致疾病症状被抑制，直到运输完成后的几周才显现出来，这增加了检疫难度。

四、最佳管理措施

最佳管理措施主要应用于苗圃生产中，用于病虫害管理，其中部分方法适用于景观绿地养护管理。这些措施包括：驱赶、消毒、根除、化学防控、生物防控、植物自身抗性以及栽培方式，详细内容见第三章。

（一）驱赶

在此处，驱赶的意思为在苗圃和景观绿地中，尽一切可能避免引入患病植物材料。购入的种苗或成品苗，要仔细检查新枝和根系，以排除可能会在苗圃中传播的病害。购入的植物经过一段时间的隔离观察，这也是一项好措施，隔离的时间需达到能使病症或昆虫显现。植物在移入大容器或移入繁殖区域之前，也需要隔离观察，特别是在取扦插枝条之前。插条易被病原体或虫卵污染，从而使得繁殖区域出现新的病虫害。引进的植物可能会在运输前被施以杀虫剂，以至于引进的植物在运输结束几周后才开始出现虫害。

（二）消毒

消毒对于培育杜鹃花的苗圃而言有多层次的重要性。一般而言，消毒措施包括移除临近杜鹃花繁殖区域的病原体和昆虫来源。对于源于土壤的疾病和虫害，应移除染病植株和染病部位，并在远离生产和种植的区域将它们销毁。而这段距离需要大于害虫和孢子能够传播的距离。

在苗圃内部，患病植株和患病部位应从健康植株中拣出，一旦病害确诊，越快拣出越好。因为如果让患病植株继续同健康植株在一块生长，会使得病原体或昆虫传播。此外，一些简单操作技巧，如洗手、避免水管接头触地等，能够避免将水生、土生病原体，如腐霉属、疫霉属真菌引入栽培区域。对循环灌溉用水进行过滤或用药剂处理消毒能显著减少或消除水中的微生物，从而减少或避免病原体接近容器苗。

消毒对于杜鹃花繁殖也同样重要。种植者应该对扦插枝条进行消毒，枝条可能含有病原体孢子或害虫的卵。因此，采用正规杀虫剂或触杀型化学药剂，杀灭扦插枝条上的孢子、菌丝和虫卵，以达到消毒的目的。

（三）根除

将染病植株移出苗圃，防止病原体扩散到健康植株。这种根除感染源的方法常常要比单独施用药剂来保护健康植株的方法好。有些种植者两种方法都会采用，通常先移除病株然后再对其余植株施用化学药剂。

（四）化学防控

大多数杜鹃花种植者会定期使用化学药剂来控制病虫害。尽管杀虫剂作为一种保护手段而定期使用，但更多情况下杀虫剂是在虫害暴发后使用，其目的为杀灭害虫或减少损失。

人们必须了解，并不是所有的杀菌剂都是有杀菌效果的。大部分杀菌剂是作为预防药剂而使用。因为大部分杀菌剂实际上是抑菌剂，有部分杀菌剂具有治疗效果。这些药剂只是抑制真菌的生长和发育，并不是真正的杀死真菌。一旦杀菌剂被降解而失去药效，真菌就会恢复生长，症状便会再次出现。

在重复、持续使用某种单一作用杀菌剂后，病原体可能会产生耐药性。推荐轮流使用国际杀菌剂抗性委员会（Fungicide Resistance Action Committee，FRAC）编码的杀菌剂，以减少真菌产生耐药性的概率。此外，某些药剂的使用能改变有益微生物的群落组成，如拮抗微生物和菌根菌落，而新药物的研发过程不会考虑非目标微生物是否会受到此种药物的影响。另外，更多FRAC编码的信息，详见第三章。

（五）生物防控

针对土壤病原体，增加有机质能加强无土基质的普遍抑制力，同时还能增加拮抗微生物的种群数量。但增加有机质所产生的抑制力对某些微生物的作用有限，而使用已知的生物防控药剂会对目标微生物形成特定的抑制力。在温室、苗圃和景观绿地内部和周围释放天敌，制订天敌保护计划均能帮助植物缓解害虫影响，维持景观绿地中植物的生长。正如之前说的那样，菌根真菌能通过多种有利于寄主的机制对疾病产生抑制效果。

（六）改进栽培管理方式

改进栽培管理方式有时候能使多数疾病很少发生或者不发生。例如，将顶部喷灌系统改为滴灌系统或在清晨灌水（目的是使叶片在白天干燥）就能有效打破疾病循环过程。同理，在下一个生长季节到来前，清理完生长区域内染病的枯枝落叶就清除了首要病源。商业苗圃中，将容器苗置于卵石垫层上能防止病原体随积水传播，低处具备排水渠道的斜面苗床也可以有效防止积水。

在混凝土地面而非泥土地面上堆放盆栽基质，就足以减少土壤病原体进入盆栽基质。增加盆栽基质微生物种类的多样性也有助于抑制土壤疾病发生。而增加珍珠岩和浮石以提高基质的透气性和排水性有助于减少根系疾病。在温室中，若将灌溉用的水管口挂起存放，即可避免在灌溉时将地上的病原体随水传至植物种植台。

另一个对生产系统整体性的改进是，将购入的植物远离本苗圃的生产区域，以阻止它们携带的疾病传到自己生产的苗木中。对检疫植物而言，在检疫全部完成之前，以及足以使植物表现出疾病症状的时间未到以前，都不要从检疫植物上获取扦插枝条，特别是那些运输前就被药剂处理过的植物。扦插枝条在扦插前应当消毒以消除可能存在的疾病。

（七）植物自身抗性

人们已经筛选了许多观赏植物物种，并以高价值的观赏园艺性状为目标培育栽培品种。尽管抗病性通常不是关键育种目标，但在后来的栽培实践中证明，很多品种能抵抗一些病原体。对那些不想在景观绿地中使用杀菌剂、杀虫剂的消费者而言，能抗病、抗虫的品种会得到更多青睐。

五、环境胁迫对疾病的影响

许多病害甚至是虫害在植物受到环境胁迫时会加剧。例如，干旱或过湿都会使得某些病原体侵染过程加速。同理，施肥过多会损坏植物根系，使得微生物能乘虚而入。与硝态氮相比，铵态氮有时更利于某些病原体活动。而受胁迫的植株更易被害虫所害。

肥料和其他化学药剂所引起的土壤 pH 变化可能使得某些特定营养元素的可利用性发生改变或土壤微生物种群发生变化，进而使得某些微生物乘机入侵植物根系。植物面对这一变化的忍耐机制目前还知之甚少。为了更好地揭示这一机制，研究者们现在更多关注能引起植物系统性抗性的微生物和其他化学因子。

六、根系感染的程度

病原体感染根系的程度可以由叶片症状来显示。根据病理学家的经验，当植物 30％的根系被侵染并失去功能后，其地上部才会显现出受害症状。有时，植物只是表现为无法生长到其最大冠幅。某些病原体如腐霉属真菌只杀死了植物根系的一小部分，削弱了根系支持树冠和其余根系生长的能力。这些病原体因为能抑制植物生长而又不杀死植物而被称为"鬼魅"。

当植物根系损坏后，植物会产生更多健康根系以弥补缺失。若环境利于病原体时，则病原体会发展更快。相反，环境利于根系生长时，根系发展会更快。例如，当土壤过黏排水不良时，有利于病原体生长，如腐霉属和疫霉属真菌，此时植物处于生死挣扎之中，但很快也会死去；当土壤排水良好时，便能促进根系发育，因而延长植物寿命。冷凉地区的患病植株较温暖地区长寿，因为高温有利于病原体生长。从苗圃无胁迫环境移植或运输到另一个环境时，由于这种环境变化，人们很难区分出受感染但无症状的植株。

杜鹃花生产中的栽培基质无非是无土盆栽基质或泥土，而在景观绿地中则通常为泥土。无土盆栽基质和泥土在化学性质、物理性质和微生物组成上差别很大。这些因素影响病原体在根系和枝叶上传播的速率。相较无土基质，泥土中具有非常丰富的微生物多样性，其中一些微生物能限制病原体在根系上发展。向无土基质中添加拮抗微生物以提高对疾病的抑制能力，提高对害虫的控制能力是改善杜鹃花生产系统过程中一个很殷切的期盼。目前，各方正在逐步实现这个期盼。

七、基于症状的快速诊断

（一）叶片
（二）枝条、小枝、末梢
（三）花
（四）全株

（一）A 叶色异常

1 叶片表面有白色粉末状物质 ⋯⋯⋯⋯⋯⋯⋯⋯⋯⋯⋯⋯⋯⋯ 白粉病

2 新叶发黄，有时增厚、肉质 ⋯⋯⋯⋯⋯ 外担子菌属引起的杜鹃花瘿瘤病

⋯⋯⋯⋯⋯⋯⋯⋯⋯⋯⋯⋯⋯⋯⋯⋯⋯⋯ 生理性营养元素缺乏

⋯⋯⋯⋯⋯⋯⋯⋯⋯⋯⋯⋯⋯⋯⋯⋯⋯⋯⋯⋯⋯⋯⋯⋯ 叶片线虫

3 叶上表面表现为黄色、斑驳、杂色，叶边缘卷曲，叶背面可见椭圆形、扁平的虫，蜜露上有煤污状物质 ⋯⋯⋯⋯⋯⋯⋯⋯⋯⋯⋯⋯⋯⋯⋯⋯⋯ 粉虱

4 叶上表面有发白的点，叶背面有密集的黏性黑色斑点，可见小昆虫，其翅上有黑点

⋯⋯⋯⋯⋯⋯⋯⋯⋯⋯⋯⋯⋯⋯⋯⋯⋯⋯⋯⋯⋯⋯⋯⋯ 杜鹃花网蝽

5 叶片没有虫害症状，但发黄或坏死 ⋯⋯⋯⋯⋯⋯⋯⋯⋯ 疫霉属根腐病

⋯⋯⋯⋯⋯⋯⋯⋯⋯⋯⋯⋯⋯⋯⋯⋯⋯ 帚梗柱孢菌属枯萎病

⋯⋯⋯⋯⋯⋯⋯⋯⋯⋯⋯⋯⋯⋯⋯⋯⋯⋯⋯ 蜜环菌属根腐病

⋯⋯⋯⋯⋯⋯⋯⋯⋯⋯⋯⋯⋯⋯⋯⋯⋯⋯⋯ 腐霉属根腐病

⋯⋯⋯⋯⋯⋯⋯⋯⋯⋯⋯⋯⋯⋯⋯⋯⋯⋯⋯⋯⋯⋯ 机械损伤

6 叶上表面有小的黄斑；叶背面有橘黄色脓包（仅 a 才有）

a ⋯⋯⋯⋯⋯⋯⋯⋯⋯⋯⋯⋯⋯⋯⋯⋯⋯⋯⋯ 叶锈病

b ⋯⋯⋯⋯⋯⋯⋯⋯⋯⋯⋯⋯⋯⋯⋯⋯⋯⋯⋯ 白粉病

7 叶色异常，叶片有小的昆虫 ⋯⋯⋯⋯⋯⋯⋯⋯⋯⋯⋯⋯⋯⋯ 螨虫

8 蹒跚叶片上有小型棕色斑点或坏死、坏疽斑点 ⋯⋯⋯⋯⋯ 叶片线虫

（一）B 叶片有清晰明显的深色斑或损伤

1 局部的棕色、红色斑 ⋯⋯⋯⋯⋯⋯⋯⋯⋯⋯⋯⋯ 真菌引起叶斑病

2 扩增性的深色斑块，中脉向叶柄扩增 ⋯⋯⋯⋯⋯⋯ 疫霉属枯萎病

3 叶尖、叶边缘变棕枯萎 ⋯⋯⋯⋯⋯⋯⋯⋯⋯⋯⋯⋯⋯⋯⋯ 冻害

4 棕色区域变灰白，并带有小黑点 ⋯⋯⋯⋯⋯⋯⋯ 盘多毛孢属叶斑病

⋯⋯⋯⋯⋯⋯⋯⋯⋯⋯⋯⋯⋯⋯⋯⋯ 拟盘多毛孢属叶斑病

（一）C 叶片扭曲

1 叶片增厚或肉质，绿色变浅 ⋯⋯⋯⋯⋯⋯⋯⋯⋯⋯ 杜鹃花瘿瘤病

⋯⋯⋯⋯⋯⋯⋯⋯⋯⋯⋯⋯⋯⋯⋯ 杜鹃花嫩梢瘿蚊

2 叶片卷曲、下垂、凋萎，无虫害症状 ⋯⋯⋯⋯⋯ 葡萄座腔菌属枯萎病

⋯⋯⋯⋯⋯⋯⋯⋯⋯⋯⋯⋯⋯⋯⋯⋯ 拟茎霉属枯萎病

⋯⋯⋯⋯⋯⋯⋯⋯⋯⋯⋯⋯⋯ 疫霉属根腐病/枯萎病

⋯⋯⋯⋯⋯⋯⋯⋯⋯⋯⋯⋯⋯⋯⋯⋯ 蜜环菌属根腐病

⋯⋯⋯⋯⋯⋯⋯⋯⋯⋯⋯⋯⋯⋯⋯⋯⋯⋯⋯⋯ 干旱胁迫

（一）D 叶片坏死，清晰的环状病害 ⋯⋯⋯⋯⋯⋯⋯⋯⋯⋯ 病毒危害

（一）E 叶边缘呈现半圆形咬痕 ⋯⋯⋯⋯⋯⋯⋯⋯⋯⋯⋯⋯⋯ 象甲虫

（一）F 叶片内部有小的圆形或椭圆形的咬洞 ⋯⋯⋯⋯⋯⋯⋯ 金龟子

（一）G 叶片有咬痕，咬痕至中脉 ⋯⋯⋯⋯⋯⋯⋯⋯⋯⋯⋯⋯⋯ 毛虫

（一）H 叶片内部有啃食通道，如气泡状 ⋯⋯⋯⋯⋯⋯⋯⋯⋯ 潜叶虫

（二）A 顶芽、顶部叶片变褐

　1 茎干枯萎，有溃疡出现，叶卷曲、凋萎 ………… 帚梗柱孢菌属枯萎病

　　　　　　　　　　　　　　　　　　　　　　　疫霉属枯萎病

　2 溃疡处有真菌突出、伸出，叶边缘先发病，随后整个叶片变棕

　　　　　　　　　　　　　　　　　　　　　　葡萄座腔菌属枯萎病

　　　　　　　　　　　　　　　　　　　　　　拟茎霉属枯萎病

（二）B 枯枝（顶部死亡），枝条上可发现小钻孔，可见 1.3 cm 黄白色幼虫，成虫为腹部具三条黄色横纹的小虫 ………… 杜鹃花钻心蛾

（二）C 顶芽、顶梢（末端死亡），黑色、毛状突起或结节（侵染 1 年后才显现结节）

　　　　　　　　　　　　　　　　　芽链束梗孢属杜鹃花芽枯病

（二）D 新梢肿胀、发红 ………… 杜鹃花嫩梢瘿蚊

（二）E 枝条在夏季有橘色、黏质、黏结突起的增生组织，叶片有直径 1～3 mm 的小突起

　　　　　　　　　　　　　　　　　　　　　　　　藻斑病

（二）F 枝叶均小而密集，明显区别于其他正常枝叶 ………… 丛枝病

（三）A 花瓣肉质、增厚增生 ………… 杜鹃花瘿瘤病

（三）B 花瓣水渍状或萎蔫 ………… 卵孢核盘菌属花瓣枯萎病

　　　　　　　　　　　　　　　　　葡萄孢属花瓣枯萎病

　　　　　　　　　　　　　　　　　帚梗柱孢菌属花瓣枯萎病

（四）A 植株变瘦弱、萎蔫并最终枯萎；主根系可能死亡；发生茎腐

　　　　　　　　　　　　　　　　　　　疫霉属根腐病

　　　　　　　　　　　　　　　　　帚梗柱孢菌属枯萎病

　　　　　　　　　　　　　　　　　　　蜜环菌属根腐病

　　　　　　　　　　　　　　　　　　　棉花根腐病

　　　　　　　　　　　　　　　　　　　腐霉属根腐病

　　　　　　　　　　　　　　　　　　　　　　根线虫

（四）B 下部茎干或根系长有瘿瘤

　　　　　　　　　　　　　　　　　　　　　　冠瘿病

　　　　　　　　　　　　　　　　　　　　　　　组织增生

（四）C 植株迅速萎蔫，死亡；根系和茎干基部的树皮被啃咬

　　　　　　　　　　　　　　　　　　　　黑葡萄象甲幼虫

（四）D 植株长势差，叶片失绿；茎干和叶柄有虫体并易于去除；叶片上可能出现蜜露和煤污病

　　　　　　　　　　　　　　　　　　　　　　　　蚧虫类

（四）E 植株叶片上带有黄至橙色绳状藤茎；紧凑的花序或种荚环绕植物茎干

　　　　　　　　　　　　　　　　　　　　　　　　菟丝子

第一章　传染性疾病

第一节　真菌引起的疾病

一、疫霉属根腐病

疫霉属根腐病，又被称为杜鹃花枯萎病，是一种危害多种杜鹃花属植物的严重病害，还可以危害其他杜鹃花科植物。1929年在新泽西州栽培杜鹃花中首次报道此疾病。那时在美国东部和西部的杜鹃花苗圃中，疫霉属根腐病造成了杜鹃花成品苗的极大损失。此后，世界各国生产和栽培杜鹃花的地区均出现了这种疾病。

疫霉属根腐病主要危害高山杜鹃，同时也在踯躅杜鹃和其他杜鹃花科植物中发病，如蓝莓、欧石南、山月桂、木藜芦属、马醉木属、短尖南白珠、大宝石南、熊果属植物、沙龙白珠、草莓树。有趣的是，没有报道提及美国东部阿巴拉契亚山脉的自然种群中出现疫霉属根腐病，但该地区森林泥土中樟疫霉（*Phytophthora cinnamomi*）很常见。而在美国东南部沙质海岸栖息地，查普曼杜鹃（*Rhododendron chapmanii*）（一种濒危的杜鹃花）的回归则不太成功，一部分原因就是这种杜鹃花容易感染樟疫霉。

疫霉属根腐病通常在一年生、二年生植株上最为常见，特别是容器苗。在地栽培育圃和景观绿地中，如果种植泥土排水不良或长时间积水，也会发生疫霉属根腐，见图1-1和图1-2。在美国，杜鹃花疫霉属根腐病的分布是由土壤中疫霉属病菌种类的分布而决定。例如，樟疫霉是最常见的疫霉属种类，主要分布在美国东南部，即大西洋中部区域至康涅狄格州，西部海岸地区为加利福尼亚州至加拿大不列颠哥伦比亚省。这种病菌在40°N以北就不会出现，因为冬季低温会杀死此病菌。但是，在俄亥俄州北部冬季温室的盆栽杜鹃花中能够发生此病害。

（一）症状

被感染植株的根系逐渐坏疽，随后叶片黄化和枯萎。叶片开始枯萎时，叶片会卷向中脉并下垂，见图1-3。最终，受感染的高山杜鹃叶片因组织坏疽而变为棕色。而踯躅杜鹃则是黄化后出现坏疽，很少出现枯萎。出现坏疽的叶片最终会掉落，使得植株呈现部分落叶的状态，见图1-4。受害的踯躅杜鹃的叶片明显小于正常植株。易感的一年生、二年生高山杜鹃在感染疫霉属根腐病后会在14 d内枯萎死亡。

病菌可能会侵染全部根系，或部分根系。较大植株的根系在排水良好的表层土壤或表层栽培基质内能快速更新（图1-5）。当病菌侵入茎干时，形成层组织最先被感染，颜色变成暗棕色，木质部组织颜色随后也变暗。此时，叶片通常会出现永久性的枯萎症状。最终，在一年生、二年生植株的茎干基部出现溃疡（图1-6），而较大植株茎干基部通常不会有明显的溃疡症状。

　　那些叶片背部有浓密毛被的杜鹃花属植物，同具有中等抗性的栽培品种，在根系坏死之前可能不会出现叶片枯萎的症状。夏季，这些植株幼嫩叶片靠近中脉的叶肉会变黄，最终会出现坏疽。被疫霉属根腐病感染的植株可能还会受到各种各样的其他感染，如枯枝。地栽多年的大型植株地上部除了轻度发黄以及不生长外，其他外观无恙。在受损的根系中还有少量健康根系支撑植株存活，直到外界环境压力或其他病菌感染导致植株死亡。

　　景观绿地中的定植植株和苗圃中三年生、四年生地栽的大苗根腐现象可能会存在一年或更长时间才会死亡。这种慢性发病的植株易被葡萄座腔菌（*Botryosphaeria dothidea*）感染，从而出现枯枝病。杜鹃花科植物在遇到其他环境胁迫时，也会被这种病菌乘虚而入，产生枯枝。

（二）病原体

　　引起根腐和枯枝的疫霉属病菌属于卵菌门（Oomycota）的真菌状微生物，它们同藻菌界（Chromista）或不等鞭毛藻（heterokont algae）有着很近的亲缘关系，疫霉属病菌并非是真正的真菌。一般而言，疫霉属病菌以及卵菌门生物与真菌有别，因为它们的细胞壁内含有纤维素和 β-葡聚糖，而真菌为几丁质。同时，真菌有隔菌丝和单倍体核，而疫霉属病菌具备无隔的二倍体营养菌丝。卵菌的游动孢子有两条鞭毛，游动时茸鞭向前，尾鞭向后；而真菌的孢子仅有一条鞭毛。因此，疫霉属种类对真菌杀菌剂的反应不同。

　　樟疫霉是杜鹃花科植物根腐病中最常分离出的病原体，同时也是最具侵略性的。在美国、澳大利亚、丹麦、英国、法国、德国、日本以及荷兰，樟疫霉是杜鹃花疫霉属根腐病的主要病原体，而美国最先发现的杜鹃花根腐病病原体为 *P. cambivora*。其他疫霉属的种类则在另一些杜鹃花物种或杜鹃花科某些属上更常见或更容易侵染它们，详见表 1-1。一些研究者从不同杜鹃花科植物分离出樟疫霉并比较它们的差异，结果显示并不存在不同的种族。从茶花分离的 A1 型（在美国不常见）较踯躅杜鹃中分离的 A2 型更少引起严重的根腐，而从其他非杜鹃花科植物上分离的樟疫霉菌株同从杜鹃花园艺品种上分离的菌株比较，在‘Purple Splendor’上，从非杜鹃花科植物分离出的菌株侵略性更弱。

表 1-1　引起杜鹃花根腐病的疫霉属病源种类

疫霉属病源种类	根腐病寄主	
	踯躅杜鹃	高山杜鹃
恶疫霉（*P. cactorum*）		√
P. cambivora		√
樟疫霉	√	√
柑橘生疫霉（*P. citricola*）		√
隐地疫霉（*P. cryptogea*）		√
烟草疫霉（*P. nicotianae*）	√	√

　　在美国东南部，墨西哥湾区的苗圃和景观绿地种植的踯躅杜鹃根部常常分离出烟草疫霉，温室栽培的踯躅杜鹃中也分离出这种病原体。盆栽高山杜鹃仅在北卡罗来纳州和弗吉尼亚州发现烟草疫霉。而自南卡罗来纳州经大西洋各中部州至康涅狄格州以及西海岸沿岸

各州，这些地区栽培的踯躅杜鹃根部则常分离出樟疫霉。

柑橘生疫霉和隐地疫霉也能引起高山杜鹃疫霉属根腐病，但它们是次要的病原体。而在苗圃灌溉用水中还发现疫霉属其他一些种类，通过人工接种，它们引起了踯躅杜鹃根腐病。这些新发现的种类包括 $P. hydropathica$，$P. irrigata$，$P. tropicalis$。从高山杜鹃的叶片上分离出 $P. hydropathica$ 和 $P. tropicalis$，而 $P. irrigata$ 仅在水样本中获得。目前，这些种类或其他常见引起疫霉属枯枝病的种类是否能引起根腐病还不清楚。

（三）流行病学

几乎所有的杜鹃花都是通过扦插或组织培养来生产的，除了美国本土原产种类外，其余种类很少通过种子繁殖生产。同时，成活的杜鹃花扦插枝条中很少分离出樟疫霉。相反，能引起枯枝的疫霉属种类很容易由带病的扦插枝条传染到健康植株上。换言之，由组培生产出的植株则没有任何病原体。

樟疫霉以厚垣孢子和菌丝的形式存在于患病植株的根系、低矮茎和凋落物中。正如前文所述，在美国北部，病原体不能在泥土、无保护地栽培的植株中成功越冬。然而在气候温和的温带地区如北卡罗来纳州、南卡罗来纳州，病原体可以在土壤以及放置容器苗的地表存活。或许，在土壤潮湿而适宜的时候，孢子囊会释放入侵根系的游动孢子。根系和土壤样本可以作为诱饵来引诱其分离疫霉属病原体，见图1-7和图1-8。

樟疫霉的种菌通常通过受病菌污染的灌溉用水、盆栽基质、寄主凋落物传染给新扦插的种苗，或在灌溉时通过附近受害植株飞溅的水珠传染。病原体仅在池塘和受感染植株叶片滴落的灌溉水中偶尔检测到，但在发病区灌溉渗漏水（循环水）中又再次发现了病原体。因此，灌溉水并非是樟疫霉种菌的首要来源。在俄亥俄州，发病区地表径流被截留后，其余地表径流汇聚的池塘水样本中未检测出病原体。而在灌溉水池和循环用水回收箱中则常常检测到其他能引起杜鹃花根腐的疫霉属病原。

盆栽植物放置地点的地面以及组成材料能影响疫霉属根腐病的发生。当盆栽置于黑色聚乙烯塑料地膜的环境下时，因为聚乙烯地膜限制了盆栽底部排水，导致樟疫霉最容易从发病植株传染到邻近的健康植株。当盆栽置于鹅卵石垫层上时（能快速排水）传染最少。然而，已有报道表明在受樟疫霉感染的踯躅杜鹃上，病原体种菌能直接从盆栽基质表面随水珠飞溅至邻近健康植株，这可能会使鹅卵石垫层排水材料的有效性受到限制。

景观绿地土壤中樟疫霉的种群活力与根腐病的严重程度有关。例如，在北卡罗来纳州，种植染病的踯躅杜鹃21个月后，每克土壤中繁殖体密度为2～18个。一旦寄主死亡，每克土壤中繁殖体密度为1个或更少，在随后的6～10个月中，逐渐降至检测不出的水平。

樟疫霉能产生厚垣孢子、孢子囊、游动孢子、卵孢子。由于真菌为雌雄异体，而A1配对型在美国相当少见，所以自然界中并不常出现卵孢子。其他任何一种形式的繁殖体在感染过程中都充当了重要的角色，不过，最为关键的还是土壤湿度。在多种基质势下，病原体都能产生孢子囊，而基质势大于−500 Pa、土壤水充足时，才会释放游动孢子。因此，最快速建立感染源的情形是有流动的水出现，即水坑、盆栽底部和土壤表面存在积水。

土壤 pH 能影响樟疫霉产生孢子囊，如在 pH 小于3.3时能抑制孢子囊的产生和游动孢子的释放，pH 为4.0时能减少孢子囊的产生，游动孢子仍不能被释放。因此，维持土壤 pH 为 4.0 时能控制杜鹃花根腐病并不令人意外。然而，对于商业苗圃而言，维持如此低的土壤 pH 并不可行，因为在这种低 pH 水平下植物生长非常缓慢，并且会造成植株缺素症。在喷雾繁殖法中，基质 pH 通常为 3.5~4.5，这样能对孢子囊起到抑制作用。

土壤温度能显著影响由樟疫霉引起的根腐病，已经有多个作物根腐病受温度影响的研究报道。但是，温度影响杜鹃花科植物根腐病的细节还并不清楚。北半球的高山杜鹃在 6~8 月的高温季节发病最为严重。这几个月中，土壤和盆栽基质温度范围从土壤内部的 15 ℃ 至摆放在向阳墙面黑色或绿色塑料盆栽基质的 50~55 ℃。在鳄梨的研究中，温度能促进樟疫霉的生长和孢子囊的形成，从而使得染病率上升。土壤温度必须达到 15 ℃，真菌才能够侵染；但鳄梨在土壤温度 33 ℃ 以上并且有樟疫霉的土壤中也生长良好，就像它们生长在无樟疫霉的土壤中一样。在英国生长的艾林欧石南，同 17 ℃ 以下时相比较，温度高于 17 ℃ 时根腐病会快速地发展。杜鹃花根腐病的田间观察结果支持其他已发表的研究，即作物根腐病受温度影响。

（四）管理措施

木本观赏植物的生产技术日新月异，目前很多种杜鹃花科植物仅能通过组织培养方式扩繁。各种各样生产花卉园艺作物的指导方法开始运用于生产木本植物，包括杜鹃花科植物。但是，很多苗圃仍然通过种子和大田种植来生产杜鹃花。因此，接下来将介绍综合害虫管理（integrated pest management，IPM），单一的害虫管理方法无法全面控制虫害。综合害虫管理由五部分组成：预防、化学控制、栽培措施、生物控制以及作物抗性。

1. 预防

预防是处理根腐病最佳且最有效的方法。为此，所有的感染源和种菌必须被清除。扦插枝条需采集自无病母株，叶片和茎干上不能带有泥土。此外，插床需要保持高度清洁和卫生。用于喷雾的水应采自深井并进行氯化消毒，或采用自来水。水池中的藻类和周围杂草应得到控制以确保水源质量，应避免使用高 pH 或高盐分的水，用这些水源灌溉和喷雾会增加繁殖生产过程中疾病的发生。

杜鹃花科植物容器苗生产中，以下预防和消毒步骤可以减少根腐病的发生概率：①不重复使用已经用过的容器，除非这些容器经过蒸汽或其他消毒剂消毒。②容器苗应置于卵石或其他粗糙、中性的斜面垫层上（如塑料编织地布），以避免积水。这种处理方法能够限制大雨、灌溉过程中游动孢子的移动和水溅传播，并最终降低感染数量。③植株体凋落物，如修剪的发病枝条、叶片应当带离生产区域，以减少病原体来源。④盆栽基质应置于干燥水泥场地，避免接触大田泥土和生产区域中的回收水。

2. 化学控制

三乙膦酸铝、甲霜灵、精甲霜灵、氯唑灵作为抗杜鹃花疫霉属根腐病的喷雾或灌根杀菌剂已有很多年的历史。最近，一些新化学成分的杀菌剂作为灌根剂能有效预防疾病，如唑嘧菌胺＋烯酰吗啉、氰霜唑、烯酰吗啉、咪唑菌酮、氟吡菌胺、双炔酰菌胺。新合成的磷酸衍生物，如磷酸盐和亚磷酸盐杀菌剂也是有效的。这类化学药剂可以通过喷雾或灌根的方法预防根腐病并且能够在植物体内转移。

杀菌剂使用频率和方法根据其具体种类和作物的不同而变化。春季盆栽基质温度上升到 15 ℃至秋季基质温度低于 15 ℃这段时间，需要多次使用杀菌剂。但杀菌剂并没有治疗作用，即无法修复已经生病的植株。想要生产出健康的植株，重中之重就是在病害发生前使用杀菌剂预防。目前使用的杀菌剂分为杀菌剂型和抑制剂型（抑制已感染植株上病原体生长扩展），而很多杀菌剂为抑制剂型。换言之，已受感染而无症状的植株与未受感染的植株会混合在一起，它们可能会被同一个人购买并种植在景观绿地中。一旦苗圃使用杀菌剂的残余药效失效，这些植株最终都会感染根腐病。然而，在天然存在樟疫霉的绿地上使用精甲霜灵，此药对踯躅杜鹃根腐病的药效长达 18 个月之久。

由于无法使用如溴甲烷（溴甲烷消耗臭氧而被禁止使用）之类的熏蒸剂，因此用于苗圃苗床和景观绿地种植区的消毒方法、去除疫霉属和其他病原体的方法较少。含有三氯硝基甲烷、棉隆、威百亩的制剂可以用于熏蒸，但是安全性和区域使用限制规定可能会限制熏蒸剂在居住区和公共区域的使用。此外，经过消毒的苗床还常被病原体重新污染，原因是这些病原体通过临近区域的地表径流传染至已消毒的土壤。因此，挖沟做高床能避免再次污染。

3. 栽培措施

美国东部地区生产杜鹃花科观赏植物的苗圃通常使用低 pH 的沙质土壤作为田间栽培用土。pH≤4.0 的土壤能够限制疫霉属根腐病发生，但它低于杜鹃花科植物最适合生长的 pH 范围，即 5.0～5.5。不过，还是有不少苗圃的土壤 pH 为 3.8～4.5。低 pH 与其他土壤因子，如防止水浸、避免洪水等在减少疫霉属根腐病发生和减弱根腐病程度上发挥着积极作用。而在保水力强的黏重土壤条件下，杜鹃花科植物一般种植于高苗床上，以改善排水、减少致病。

尽管缺乏具体的研究，但已有可行的方法用于减少疫霉属根腐病的发生，即采用无土盆栽基质。这一方法基于对苗圃疾病发病率的观察和基质排水物理性质的测量。盆栽基质的快速排水能力是预防疫霉属真菌游动孢子产生和释放的关键，正是游动孢子侵染植物根系，快速排水抑制游动孢子的产生和释放，从而阻止了根腐病的发生。细沙、粉土或黏土均不适宜种植高山杜鹃，因为这些细腻的颗粒会随流水逐渐移至盆栽底部并阻碍排水。任意一种基质长时间含有过多水分均有利于游动孢子的活动，有利于樟疫霉侵染根系。例如，细树皮制成的盆栽基质也使得植物发生根腐病。为了确保足够的排水能力，基质的渗漏速率在整个生产过程中必须达到 2.5 cm/min。

木本观赏植物主要是在基质高度为 9～10 cm 的容器（踯躅杜鹃容器）或 15～19 cm 的容器（5.67～9.46 L 大苗容器）中生产。当基质添至上述高度，盆栽通气孔隙度容量分别为 15％和 20％～35％，苗圃内根腐病的低发病率同容器孔隙容量相关，与容器基质有机成分无关。鉴于这点，通气孔隙度同渗漏率一样均需要被重视，以减少疫霉属根腐病造成的损失。

在景观绿地中，为了使杜鹃花疫霉属根腐病影响最小化，通常会做高苗床、挖排水沟。高苗床能改善根系周围排水条件，缩短灌溉、雨后的水浸时间。黏重土壤的排水可以通过掺入粗颗粒物质得到改良，如掺入树皮。尽管在自然存在的病原体的苗床中，植物仍可能被感染，但由于不同栽培品种具有不同的抗性，它们能忍受疫霉属病菌的侵染，从而维持一定的景观效果长达数年（图 1-9、图 1-10）。

高温处理无法推广用于控制疾病。热水处理可以杀灭感染根系中的樟疫霉，但用这项技术的种植者不多。从理论上而言，寒冷地区的冰冻可以降低樟疫霉在无寄主泥土中的存活率，而其他能引起杜鹃花根腐的种类如恶疫霉和柑橘生疫霉，在有寄主枯落物的土壤中，即使是很低的气温也能存活。

4. 生物控制

种植在有树皮基质中的杜鹃花，对疫霉属根腐病的主要抑制作用源于树皮和树皮分解时产生的物质以及快速排水的性质。树皮释放至水中的化学物质，能抑制疫霉属真菌的游动孢子和孢子囊。而另一种盆栽无土基质——加拿大泥炭未释放这样一些抑制成分。毫无例外，迄今检查的所有新鲜树皮均释放出这些抑制成分，包括桉树、蒙特利松树、美国东部地区的混合松树皮、各种阔叶树（橡树和槭树）。新鲜树皮将持续释放抑制成分，但整个释放的时间长度根据季节的不同与树种的不同而有所变化。同样，树皮堆肥后，这些抑制成分的效果也根据树皮种类的不同而呈现变化。阔叶树皮（主要是红橡）在上盆后能持续释放抑制成分长达 1 年。经过测定，红橡树皮中最有杀灭作用的化合物为蜡质分解物质。

在盆栽基质中添加有益菌，如哈茨木霉（*Trichoderma hazianum*）和钩状木霉（*T. hamatum*）可以抑制引起根腐病的疫霉属真菌。需要强调的是，在非常有利于疾病发展以及病原体数量占优势的情况下，益生菌并不能防止根系被游动孢子侵染。

5. 作物抗性

杜鹃花科植物对樟疫霉的抗性不同，但主流的高山杜鹃商业品种和大部分原生种极易感染樟疫霉。在 336 个供试的杜鹃花杂交后代中，'Caroline''Professor Hugo de Varies'以及'Red head'抗性最好，'English Roseum'和其他几个品种抗性中等。而在 198 个杜鹃花原种中，凹叶杜鹃（*R. davidsonianum*）、马缨杜鹃（*R. delavayi*）和阿里山杜鹃（*R. pseudochrysanthum*）抗性最强。这些抗性植株的支线根系确实被感染，但在排水良好的上部土层和盆栽介质中，受感染的植株能从根颈处萌发出新根。

栽培品种'Caroline'对疫霉属根腐病抗性相对较强，但在干旱胁迫中（叶片水势为 -16×10^5 Pa）或根系水涝 24～48 h 后接种病原体，'Caroline'出现了严重的根腐和茎腐。所幸，这种极端的环境并不会在所有培育、栽培杜鹃花的地方出现。苗圃可以通过正确的灌溉措施和盆栽基质来调控环境。对栽培环境的不力调控或许能够解释为什么不同杜鹃花科植物在世界各地有不同的抗性。

10 个踯躅杜鹃栽培品系对樟疫霉引起的根腐病抗性在高抗性到易染性之间。最抗病的品种是'Corrien Murrah''Fakir'和'Formosa'，最抗病的种系为 Southern Indica 栽培群，最易染病的为 Carla 栽培群。而淀川杜鹃（*Rhododendron yedoense* var. *poukhanense*）拥有良好的抗病性、抗寒性，具有一定的商业价值。

种植者应多栽培抗性品种以减少疫霉属根腐病带来的损失，特别是在已知樟疫霉存在的地区。植物自身抗性是一种有效、可持续、环境友好的管理策略。就长远而言，预防、化学控制、栽培措施、生物控制、植物自身抗性 5 种方法配合使用才能达到最佳的可持续疾病管理。

（编写：H. A. J. Hoitink, D. M. Benson, and A. F. Schmitthenner；核校：D. M. Benson and S. N. Jeffers）

二、蜜环菌属根腐病

蜜环菌属根腐病，由蜜环菌（*Armillaria mellea*）和其他蜜环菌属真菌种类引起。它们是一种担子菌，属担子菌门（Basidiomycota）伞菌目（Agaricales），通过子实体（蘑菇）产生孢子，所以这种病有时也被称为蘑菇根腐病。除此之外，由于病原体能产生细长、外表黑色鞘状、营养型的菌索，有些像鞋带，所以又被称为鞋带根腐病。在加利福尼亚州，这种病常发生于橡树上，因此有时也被称为橡树根菌根腐病。

全美国首例报道蜜环菌感染杜鹃花是在 1891 年的纽约州，不过这种病在美国新泽西州和太平洋海岸西北各州也存在，澳大利亚、英国也偶尔发现。这些报道仅简单说明杜鹃花为寄主，并没有说明具体种类。在纽约州和新泽西州，酒红杜鹃（*Rhododendron catawbiense*）植株上发现蜜环菌属真菌；在苏格兰，高山杜鹃（*R. lapponicum*）、怒江杜鹃（*R. saluenense*）、血红杜鹃（*R. sanguineum*）这 3 种杜鹃花上也发现蜜环菌属真菌。但之后的报道中提到，菌索可以从感染植株树桩延伸到 9 m 之外的地方。但蜜环菌不会产生如此长的菌索，苏格兰的报道暗示着其他蜜环菌属种类侵染了杜鹃花。或许，直到清楚鉴定这些种类以及确认每种菌的寄主范围之前，所有侵染杜鹃花的蜜环菌属真菌在讨论时可以归为一种。

有报道称，新泽西州、西北部各州以及加利福尼亚州南部的踯躅杜鹃和北部的常绿踯躅杜鹃感染了蜜环菌。不过，这些都不是文献报道。

虽然高山杜鹃中会发生蜜环菌属根腐病，踯躅杜鹃仅偶尔发生，但人们通常认为蜜环菌属根腐病并不是一种严重病害。在加利福尼亚州，蜜环菌普遍存在于花园中，但高山杜鹃很少被它们危害，踯躅杜鹃则更少受到危害。杜鹃花因其他原因而不健康时，才偶尔被蜜环菌感染。在英国，蜜环菌也广泛分布在杜鹃花生长的区域，仅有孤植植株才会被杀死。即使是在苗圃中，蜜环菌属根腐病也不常见。

（一）症状

植株感染蜜环菌的症状难以识别，它们比健康植株更虚弱，长势也没有健康植株旺盛。叶片会变黄、枯萎并掉落，这暗示根系已经被破坏，根颈部组织已经堵塞。得病植株在残喘几年后最终会死亡。如图 1-11 所示，在一些案例中，植株茎干会呈现棕色。

通过白色菌体组织可以鉴定病原体，白色菌体组织生长在根颈或主根的树皮与木质部之间，如图 1-12 所示。虽然也有少数其他真菌能制造相似的白色菌毯，但没有一个可以比蜜环菌菌毯明显清晰。除此以外，新鲜的蜜环菌带有令人愉悦的香味，有点类似于蘑菇，这一点也可以作为鉴定特征。根系上的菌索（图 1-13）或长出的子实体（图 1-14）也可能有助于鉴定。子实体通常生长在患病植株基部周围，偶尔从接近表土的根系上冒出。

（二）病原体

蜜环菌曾经被认为是一种变化极为丰富的真菌，并且寄主广泛。然而现在的研究表明，它实际上是多种关系密切的真菌种类组成的复合群体，其中有 5 个种类已经被确定，而在北美至少还有另外 5 个种类存在。

一般而言，真菌一年仅长一次子实体，如果对子实体进行形态学鉴定就能够区分不同的种类。在实验室环境中，简单靠人工培养产生的菌索就可以确定它是蜜环菌属。但人工诱导产生子实体很困难，所以通过形态学来鉴定种类几乎是不可能的。分子、基因水平的技术革新使得鉴定工作更容易且更精确。

蜜环菌的致病性和培养特性变化大。它广布于温带，在土壤中需要以木头作为生存繁衍的基础。蜜环菌主要感染木本植物，也感染草本植物，其寄主范围很大，而之前作为复合群体时寄主范围更大。

（三）流行病学

当易染病寄主的根系出现时，蜜环菌生长穿过土壤以寻找受外界压力影响而处于虚弱状态的根。一旦感染成功就会产生菌索，菌索协助真菌沿根系移动或协助真菌由一条根系扩展到另一条根系。当菌索从根系 A 长到根系 B 上后，它将钻入根系 B 中，之后会在树皮和木质部之间长出白色的菌毯。从侵入点算起，真菌可以同时向上向下扩展。虽然它可能会杀死其侵入的那条根，但并不会对植株造成严重损伤，直至扩展到主茎根颈处，才引起植株死亡。

在气候寒冷的地区，子实体通常是秋天出现；而气候温和的地区是初冬至严冬季节长出子实体。子实体为蜜糖色至黄褐色（欧洲人喜欢称它为 honey fungus 就是因为其子实体的颜色为蜜糖色）。子实体的大小根据一束数量的多寡而有所变化，当一束子实体数量较多时，子实体就小，直径可能只有 4 cm；而一束子实体数量仅有几个时，直径可以达到 28 cm。子实体的特征是菌柄上有一个环，这个环是菌盖膨胀和断开后残留的组织。子实体中产生的孢子可以繁殖出真菌，但这一过程比较罕见。因此，孢子可能扩散真菌这一怀疑是不合理的。尽管蜜环菌的子实体可食，但没有专业人士鉴定，不建议食用！

高山杜鹃和踯躅杜鹃不常被蜜环菌感染，可能是植物本身基因就具备抗性，也可能是根系共生微生物的抵抗作用，如杜鹃花菌根菌。蜜环菌需要较大的木质根系作为生长基础，而杜鹃花根系纤弱，可能不足以支持这些病原体的生长需要，故较少被感染。

其他发生蜜环菌根腐病的植物，已有研究证明其树冠范围的外界环境压力能促进蜜环菌感染根系。而无外在环境压力（过湿、过干的土壤）、无严重虫害、保持原有树冠大小和缺乏足够的病原体都可能导致杜鹃花不常感染蜜环菌根腐病。

（四）管理

蜜环菌的管理不易，在景观绿地中使用熏蒸法和杀菌剂均不够有效。如果当地存在蜜环菌并确认已经有植物受害死亡，清除死亡植株和根系很关键（不必考虑是什么种类的植物受害）。蜜环菌不仅存在于死亡的植物根系内，而且它们会转移，腐生状态比在活体植物中的寄生状态移动速度更快。杜鹃花根系相对较浅，这使得移除杜鹃花并不困难。

（编写：R. D. Raabe；核校：R. G. Linderman）

三、棉花根腐病

棉花根腐病又被称为得州根腐病，是一种很罕见的杜鹃花疾病，仅在美国得克萨斯州有报道。这种疾病潜在的发病区域为美国西南部和墨西哥北部，这些区域有病原体并观察到其他易感植物患病。在亚利桑那州和得克萨斯州，这种真菌是很多作物和观赏植物的主要病原体，而在路易斯安那州南部、内华达州、俄克拉荷马州以及犹他州也有疾病记录。病原体寄主范围超过了 2 000 种双子叶植物，对棉花、紫花苜蓿等作物构成严重危害。

（一）症状

棉花根腐病的症状为根系腐烂导致植物猝死，植株枯萎叶片宿存并变棕，但可能仍带有绿色。仔细检查发现根系和茎干上有菌丝，并延长到土壤中，如图 1 - 15 所示。雨后，土壤表面的树叶保持湿润的几个小时中会形成浓密孢子垫，如图 1 - 16 所示。疾病会在某个景观绿地地块多年反复出现，就像被限制在那个地方一样。

棉花根腐病一般发生在碱性土壤上，很少在 pH 低于 6 的土壤上发生。夏季高温季节发病，并且发病区域有限。除了美国和墨西哥以外，其他国家和地区未见报道。该病传染能力似乎不强，常常是在同一块地区每年重复发病。

（二）病原体

通过不同大小的核糖体亚单位 DNA 序列分析，可以得知 *Phymatotrichopsis omnivora*（syn. *Phymatotrichum omnivorum*）是一种 Rhizinaceae 的无性生殖的子囊菌。它沿菌丝束产生小而暗色、形状不规则的菌核，菌丝束则沿着根系生长并在土中延伸。这些菌核可以在土壤中存活超过 12 年。菌丝束由菌丝组成，产生"十"字形分枝，这是此病原体的一个识别特征。当孢子垫出现时，也同时产生了葡萄状的芽生孢子。

（三）流行病学

真菌在 75 cm 深的土壤中可以菌核的形式存活，见图 1 - 17。菌核被认为是越冬和扩散的唯一结构。孢子垫上产生的分生孢子无法侵染植物，没有显示出致病力。低 pH 和高有机质含量能抑制疾病，有机质可作为浅层土壤菌核的寄生物质。真菌需要高温高湿条件才能够完成侵染，因此这种疾病仅在夏季出现。

（四）管理

棉花根腐病在杜鹃花喜爱的酸性种植土中不会成为问题，而在碱性土壤中种植杜鹃花时，通过添加有机质和土壤酸化剂可以减少棉花根腐病的发生。但这一措施需要持续维持，如果有机质含量下降，土壤 pH 升高，深层土壤菌核长出的真菌将会引起新一轮的病害。

此病目前已知的唯一传播方式是移动菌核，因此切忌转移那些暴发过棉花根腐病的土壤。苯菌灵、丙环唑和氟醚唑对这种真菌起作用，但不足以完全控制。最近的研究表明，粉唑醇对棉花上的病原体非常有效。而目前在美国没有针对这种疾病的商用药物。

（编写：K. Steddom）

四、腐霉属猝死病及根腐病

腐霉属（卵菌门腐霉科）真菌因其能使播种幼苗和扦插苗猝死，且危害范围广而为人所知。尽管杜鹃花最常发生疫霉属根腐病，但仍有不少引起杜鹃花根腐病的腐霉菌种类。

（一）症状

腐霉属猝死病及根腐病在杜鹃花上表现为插条不生根、幼苗死亡、生长发育不良、叶片失绿发黄、枯萎、生长不旺盛、根颈和根系坏疽，有时甚至是叶片掉落，见图 1 - 18。小苗和容器苗可能症状不明显，但当它们种植到大容器或景观绿地时症状就会出现。染病植株的根系没有健康植株根系发达。

这些症状都容易同营养元素缺乏、失水与灌水过多等因素相混淆。因此，只有对病原体进行鉴定才能判断是否得病。

（二）病原体

如果没有其他选择，不要从形态上区分腐霉属种类，因为这很困难。已有 10 个种类被报道能感染杜鹃花，它们是 *P. anandrum*、卡地腐霉（*P. carolinianum*）、德巴利腐霉（*P. debaryanum*）、*P. dimorphum*、旋雄腐霉（*P. helicandrum*）、畸雌腐霉（*P. irregulare*）、刺腐霉（*P. spinosum*）、华丽腐霉（*P. splendens*）、*P. sylvaticum* 和终极腐霉（*P. ultimum*）。

（三）流行病学

腐霉属根腐病的发生常常意味着栽培技术不合适，如可溶性盐含量高、排水不良、灌水过多和消毒杀菌不到位，可能是某个单因素出现也可能是多种因素共同出现。腐霉属真菌可以通过基质、水和染病植株传播。除此以外，在苗圃繁殖、培育阶段，某些腐霉属种类可以由小昆虫传播。

（四）管理

腐霉属猝死病的管理方法有：巴氏消毒法消毒土壤、无土基质栽培或种子化学处理。可以用防治疫霉属根腐病的药物来防治腐霉属根腐病，最好采用预防灌根的方法。氯唑灵、精甲霜灵、氰霜唑、咪唑菌酮以及亚磷酸衍生物对腐霉属真菌相对有效，而与最佳管理措施一起联合使用效果更佳。一些腐霉属的菌株对精甲霜灵有抗性，因此轮流使用不同作用原理的药剂是很重要的一种方法。另一种预防疾病的方法是采用商用生物制剂，这类制剂中含有哈茨木霉。如果病原体未知，疫霉属、腐霉属、丝核菌属或其他病原体都可能引起植物得病。这种情况下推荐使用广谱杀菌剂或恰当的混合杀菌剂用于灌根，混合杀菌剂含有的成分能够对抗所有的潜在病原体，见表 3 - 1。

（编写：K. L. Ivors）

五、丝核菌猝死病及根腐病

立枯丝核菌（*Rhizoctonia solani*）会使得美国东部地区杜鹃花幼苗猝死，而在加利福尼亚州南部则引起根腐病。在澳大利亚，立枯丝核菌同样引起根腐病。总体而言，丝核菌猝死病及根腐病能在很多木本观赏植物上发生，而一年生、多年生草本观赏植物发病更为常见。

（一）症状

在一块地或扦插基质中可看见成片死亡的幼苗，因为在土际线以下或附近，根腐和茎坏疽同时发生。外皮损伤呈现棕色至深棕色，扩散到韧皮部组织，可能稍微凹陷。基质上会长出延伸性菌丝，当幼苗从基质中取出时，基质颗粒会受菌丝牵引而悬挂于空中。如果以上症状都已出现，那就需要高度警惕，不过这还无法判定就是丝核菌猝死病。

根腐病常常表现为下部叶片变黄而植株生长变缓，进而使得幼苗和大植株的全部根系坏死或根系溃疡。坏死的根系通体变棕色，而根系溃疡面积较小，通常表现为细长的棕色区域，涉及外表皮细胞并延伸到皮层组织中。

（二）病原体

立枯丝核菌已被证明能引起杜鹃花猝死病及根腐病。如图 1-19 所示，丝核菌的致病力在有病原体存在的扦插基质中得到了展现。但图中这些可见的症状不足以确诊疾病，还需要通过显微镜确定根茎溃疡处有菌丝才能确定存在病原体。

（三）流行病学

尽管经常诊断出丝核菌猝死病、根腐病，但在观赏植物生产领域缺乏对丝核菌的持续性深入了解，多数丝核菌疾病信息来自观察经验。

（四）管理

管理措施包括结合消毒、栽培和使用化学药剂。立枯丝核菌可以在基质中靠植物残骸营腐生生活，并在耕种过的区域持续生存。消毒措施应做到避免把病原体带入生产区域、彻底消毒、切断不同生产批次间的疾病传播。除此之外，扦插前可将基质、容器以及整个温室用蒸汽消毒，使用无菌的容器和扦插盘。假如不小心引入了病原体并在早期观察到病情，可以丢弃发病区域的苗和容器并对这一区域进行消毒。

如果病原体存在，那就只能通过栽培措施来减缓病情，而控制病情则需要使用杀菌剂。栽培措施包括规律灌水以避免基质水分过多以及避免高的空气湿度，避免使用高氮肥料。杀菌剂灌根可以控制疾病发展，推荐以下杀菌剂：嘧菌酯、咯菌腈、氟酰胺、异菌脲、五氯硝基苯、甲基硫菌灵和肟菌酯。同样，如果致病菌未知，疾病可能会由疫霉属、腐霉属、丝核菌属或其他病原体引起，可以采用广谱杀菌剂或恰当的混合杀菌剂灌根。

（编写：R. D. Raabe；核校：W. E. Copes and D. M. Benson）

六、丝核菌叶枯病

丝核菌叶枯病（web blight）有时又称为气枯病（aerial blight），由多种丝核菌引起，常在常绿踯躅杜鹃和其他观赏植物上发生（图 1 - 20），但尚未在高山杜鹃中发现这种疾病。盆栽杜鹃花夏季发病，温室中春秋发病（图 1 - 21）。在佛罗里达州，曾造成单一苗圃 15 万盆杜鹃花落叶受损。而在景观绿地中发病不严重，仅在 2 年生及以下的幼苗中发病。

（一）症状

丝核菌叶枯病的特征主要是有一片一片的枯叶。在初夏，树冠中心的下层出现枯叶，这一阶段叶枯病还可能不会被注意到，直到枝丫露出，树冠中心秃裸。随着病情发展，树冠内部叶片出现坏疽，而树冠外围叶片正常，如图 1 - 22 所示。病情将以恒定速度向外围扩展直到树冠外围的枯叶被一眼看到，通常墨西哥湾区域发病时间为 6 月中旬，如图 1 - 23 所示。

另一种情况是，疾病快速发展，在 2 d 内植株 1/3 树冠的叶片出现坏疽。叶片坏疽源于叶柄部分被真菌感染，导致水分和养分无法运输使得整个叶片死亡后脱落。因此，在夏季叶片会呈现间歇性生长，当经历一次较大程度的落叶后，新叶又很快生长出来。

在空气湿度相对较高的时期，伴随着坏疽出现的还有植株枝丫间和表面的气生菌丝。菌丝形成可见的网，其名称由此而来。单一的菌丝难以看见，但其足以侵染叶片，并可以黏住掉落的叶片，如图 1 - 24 所示。悬于空中的叶片是丝核菌叶枯病的一种指示现象，但也有可能是蜘蛛丝黏住了叶片。

有时也出现不连续的叶片损伤或叶斑，但这种情况较少。由气生菌丝在叶片间延伸，接触到叶片边缘引起。叶片损伤为不规则的椭圆形，棕色，呈现为一致的颜色或环状斑纹，损伤出现在叶片边缘或叶脉间（图 1 - 25）。

尽管丝核菌叶枯病症状限于在叶片发生，但茎干甚至是整个植株都有可能死亡，特别是在有利于发病的天气环境下。新繁殖的种苗较大苗更易受害，久未换盆的大苗、老苗有时也会因此死亡。

（二）病原体

培养发病叶片的琼脂培养基中分离出了有双细胞核（BNR）和多细胞核（MNR）的丝核菌属菌种，这些真菌在琼脂培养基上 24 h 内可以生长 1～2 cm，并在马铃薯葡萄糖培养基中呈现出清楚形态特征，如图 1 - 26 所示。

引起丝核菌叶枯病的主要病原体是双细胞核的菌丝融合群（anastomosis group，AG），即角担菌属（*Ceratobasidium*）。在阿拉巴马州和密西西比州，BNR AG - G、AG - R、AG - S、AG - U（AG - P）被当作试验材料，以证实 Koch 的猜想；两个州 92% 病叶检测出 AG - U。通常观察经过酚藏花红或甲苯胺蓝染色后的菌丝以确定细胞核状态。而 AG 分类可以通过未知和已知菌丝体之间的营养反应和在基因库中转录间隔区序列 ITS 的比对来确定。

1950 年的佛罗里达州，丝核菌叶枯病在包括皋月杜鹃在内的多种木本观赏植物上发病，病原体被确认为 *R. ramicola*，现在为 *Ceratobasidium ramicola*（syn *Ceratorhiza ramicola*）。由于原始文献未能找到，因此也不知道 AG 菌丝融合群 *C. ramicola* 的归属，不过这个菌是双细胞核。

（三）流行病学

初夏时，丝核菌叶枯病在苗圃杜鹃花摆放区中随机零散出现。到了夏季中后期，大量染病植株成堆聚集出现，同时也有零星分布的病株。由于摆放区内部病情传染、感染植株症状表现得慢，目前尚未得知晚期的发病比例。外部看起来健康的植株，实际上树冠内部可能已经开始叶枯。摆放区的同一品种，其发病比例和发病程度可能变化很大。

踯躅杜鹃丝核菌叶枯病的大田研究中，温度变化的信息对于预测疾病总体的进展作用较大，而湿度变化对疾病严重程度的预测作用相对较差。20 ℃以下及 35 ℃以上不利于疾病发展，即最冷的天气和最热的天气不利于病原体生长。

温室研究中，在 24～30 ℃条件下，有利于多细胞核立枯丝核病以及 BNR 种类的菌丝生长。在这种温度下，叶片是否有水和空气湿度会决定疾病发病概率。当叶片湿润持续 8 h 及以下，空气湿度维持在 50%～70%时，症状会以缓慢速度发展。当叶片湿润时间超过 10 h 以上，空气湿度在 70%以上时，单个植株会发病严重；而空气湿度超过 90%时，丝核菌叶枯病有可能大规模暴发。当温度和湿度适宜病菌生长时，叶片接种后 48 h 内就会出现症状并在一周内凋落。

由于疾病在较大的温度范围、空气湿度范围及较长的叶片湿润时间都会发生，所以不能很精确地限定外界环境条件，即明确预测出每一发病过程时的环境条件。此外，导致全年大部分时间无疾病症状而夏季出现疾病症状的原因，也就是寄主和病原体生理上的反应仍然是未解之谜。

在美国南部，大部分的容器苗感染了 BNR 种类真菌。在亚拉巴马州南部和密西西比州，全年任何一个时间，任意深度的基质和整个茎干上都能找到 BNR 种类的菌，这就意味着即使在毫无病症的冬春季，病原体也存在于植株上。从 6 月上中旬初步出现病症到 7、8 月逐渐严重，除非使用化学药剂，症状将持续到 9 月。

科学家现在还未全部了解其传播机制，包括在苗圃中的传播。它主要是通过菌丝来侵染植物，能出现在任意植物表面，特别是堆积在生长基质表面的落叶中，这是菌丝的聚集地。除此之外，所有能引起丝核菌叶枯病的 BNR AGs 还能在叶堆和基质中产生菌核。

丝核菌通过形成菌核、厚壁念珠细胞以及靠吸取植物残骸营养的菌丝来生存。菌核和菌丝繁殖体可能通过人类的生产活动、飞溅的水和风力传播。BNR 的菌丝能在空气中生长，蔓延到周边紧挨着的植株上；掉落下的病叶也可以让菌丝从排水孔长入盆中。目前不知道它能否在苗圃中产生担子和担孢子的有性菌体，如果可以产生，则担孢子还可以通过风来传播。

目前，主要的传播方式是通过扦插枝条传染，这些插条用于繁殖新种苗。在苗圃中，5～7 月采收的枝条上可能带有菌丝。这些看起来健康的枝条中的一小部分可能感染了 BNR 菌，这可能是繁殖温室中病原体的来源。温暖而湿润的环境不仅有利于插条生根，同时也利于真菌侵染整个扦插苗床，使得夏季扦插苗可能会死亡。成活的植株也会有轻微症状，底部叶片轻微枯萎。

繁殖温室中遮阳、风扇通风、打开门窗等调控环境都是较为廉价的方法,加热仅在当地受到寒潮影响时才启用。无论夏季还是冬季,繁殖温室的温度始终高于周围环境温度,扦插苗床的温度又高于繁殖温室的温度,因此一年中大部分时间为病原体提供了较为温和的环境。春季,苗床中多处轻微而一致的丝核菌叶枯病症状暗示着这些植株已经感染了BNR菌,它们会影响接下来的整个生产环节。

(四)管理

用嘧菌酯、百菌清、氟酰胺、异菌脲、甲基硫菌灵和肟菌酯喷雾可以控制疾病症状的发展,但不能消灭病原体。14~21 d 内适时施用 2~3 次药剂可以在大部分年份起到良好的疾病控制效果。易得病的种类如'Gumpo',应当优先喷药。亚拉巴马州和密西西比州南部一般在每年 6 月 8 日左右喷第一次药。

其实,每年用药的时间都会不一样,不同种类杜鹃花的抗性也不一样。所以,每周检视便是决定何时喷药的唯一根据,从而充分发挥药效。检视方法如下:在抗性最弱品种的摆放区域内,每 1~2 个区域抽 6~10 盆植株,仔细观察其树冠内部,看是否有病症。当病症由轻转重时,抗性最弱品种的每盆都需要喷药。接下来的几周,检视转移到抗性稍弱的种类,具体方法同上,抗性稍弱品种发病可能会延后 2~5 周。喷药必须全面,特别是每棵植物的树冠中部至内部。有一些药剂注明为化学灌溉(chemigation),即通过喷灌系统施药,这种方法能有效减少丝核菌叶枯病。

几乎没有管理措施能有效控制丝核菌叶枯病。拉大植株间距离无法阻止病情发展,尽管当间距为 15~25 cm 时能增加光照、加速水汽蒸发,但这不足以缩短高湿度环境时间来阻止疾病发展。不过,与紧凑摆放方式相比较,拉大间距的摆放方式可以推迟病害发生 1周及以上,如图 1-27 所示。通过相似原理启发,中午灌水对比清晨灌水,排水良好的地点对比排水不良的地点,前者的病情发展均慢于后者。

现在仍不清楚有哪几种生产活动会传播丝核菌,所以这些活动的潜在威胁也尚未明确,但需注意以下几点:机械修剪可能会传播菌丝,因此用于修剪的工具应消毒以防止病原体在不同摆放区之间的传播。消毒措施有助于阻止丝核菌传播,但对于已经感染的植株效果有限。若某个苗圃发生过丝核菌叶枯病,则应当假设这个苗圃中大部分产品感染了丝核菌。

受感染插条,其基部浸没在 50 ℃水中 21 min 就可以杀死丝核菌属真菌。有一项研究表明,11 个踯躅杜鹃品系中的 12 个品种成功通过了热水处理。尚未有研究能确定 BNR分离株是否可以在空置繁殖温室中生存,若 BNR 可以存活,就需要对墙壁和地板进行消毒,防止无毒插条被感染。一旦无毒插条扦插于繁殖插床,阻止病原体从带病植株传播到无病植株就尤为重要。

(编写:W. E. Copes and D. M. Benson)

七、葡萄座腔菌属枯枝病

杜鹃花葡萄座腔菌属枯枝病在美国于 1929 年首次报道,由 C. L. Shear 鉴定,鉴定标本（E.F.Guba）采自马萨诸塞州。病原体为葡萄座腔菌，它能引起叶枯病、叶斑病，最常引起的还是枯枝病。

关于葡萄座腔菌属枯枝病的报道不是很多。最近有关蓝莓的研究表明，枯枝可能由多种葡萄座腔菌属病菌引起，也可能由葡萄座腔菌科（Botryosphaeriaceae）中其他亲缘关系密切的属引起。北卡罗来纳州立大学（NCSU）植物疾病和昆虫诊所的记录显示，葡萄座腔菌属枯枝病是北卡罗来纳州栽培的杂交杜鹃花最主要的疾病。苗圃中新培育的容器苗中很少出现这种疾病，而存活很久的苗和地栽苗则会发生该疾病。

（一）症状

葡萄座腔菌属枯枝病表现为在某一健康植株上某些枝条死去。病枝上的叶片青枯随后转棕色，叶片下垂并与中脉平行卷曲，如图1-28所示。病枝木质部组织呈中等的红棕色，如图1-29所示。病菌入侵枝条早期，枝条一侧就会发生变色，枝条纵剖面可以看到变色的木质部常形成一个楔形区域指向枝条中心。从下垂叶片到植株根颈部，此区间内的组织均能被病菌侵染。当病菌移动到分支点并杀死主茎，整棵植株便会死去。这些症状在景观绿地中的一些易感植株上非常明显，如图1-30所示。

此病在年幼植株上很快发展成主茎枯萎；较大的成株表现为大枝溃疡，溃疡缓慢扩展成主茎环形溃疡。

侵染需要植株有伤口，如新鲜的叶痕、修剪伤口、枯枝、枯萎的叶轴和花序轴。热胁迫和干旱胁迫似乎会提高这种疾病发生的概率，全阳下的植株比半阴下的植株更易发生这种疾病。不同的杜鹃花种类和品种发生葡萄座腔菌属枯枝病的概率和病害严重程度有所不同。在NCSU植物疾病和昆虫诊所的隔离试验中，同样症状的常绿踯躅杂交杜鹃更容易受拟茎点霉属（Phomopsis）真菌的感染而不是葡萄座腔菌。

（二）病原体

葡萄座腔菌为子囊菌门（Ascomycota）葡萄座腔菌科（Botryosphaeriaceae），其寄主范围广，危害观赏植物、果树和美国产的木本植物。

目前仅报道一种菌引起葡萄座腔菌属枯枝病，尚未有杜鹃花致病菌多样性的研究。近期其他木本寄主研究认为，之前不能识别的葡萄座腔菌属菌类和亲缘关系密切的属也能引起枯枝。鉴于该科的最新分类修订，有关杜鹃花枯枝病病原体的鉴定需要重新研究。

（三）流行病学

葡萄座腔菌属枯枝病在杜鹃花幼株上发病迅速，即定植在景观绿地中的前几年发病迅速，在真菌产生孢子前将植株杀死。在成年植株的溃疡处会形成裂皮黑色分生孢子器，直径163～343 μm，通常组合在由假实质细胞组成的黑色子座中。分生孢子（4.2～7.6）μm×（22.4～30.8）μm，透明、单细胞，纺锤形，尾部浑圆。

春季子座的小腔内偶尔会产生最佳的结构。子囊孢子（8.4～11.8）μm×（19.6～28.0）μm，透明、单细胞，椭圆至纺锤形。在马铃薯葡萄糖琼脂培养基中，真菌产生了白色气生菌丝后变灰，而从培养皿底部观测为黑色。

（四）管理

景观绿地中，此病很难控制，管理措施有多种。根据美国农业部植物耐寒区间适地适树原则，各栽培品种应种植在半阴处并在干旱季节灌水。应正确剪除枯枝以下变色的枝条，枯萎花朵和花序轴也应该剪除，尽量避免对植株造成伤口。

夏末不应施用过多肥料，鲜嫩的秋发新枝来不及木质化，将会在冬天 0 ℃以下温度中被冻，这一伤口在翌年春季会成为病原体入侵的门户。目前没有关于此病药物疗效的数据，但修剪后立刻对伤口施用杀菌剂能够帮助预防病原体入侵。

（编写：R. K. Jones；核校：W. O. Cline）

八、拟茎点霉属枯枝病

在美国和欧洲，踯躅杜鹃枯枝病与拟茎点霉属有关，此病于 1933 年在美国新泽西州、马里兰州报道，随后在加利福尼亚州、康涅狄格州、纽约州和东南部各州出现。拟茎点霉属枯枝病在踯躅杜鹃上很常见，特别是景观绿地中的 Southern Indica 栽培群。

（一）症状

拟茎点霉属枯枝病的特征为花期后不久，小枝或分枝上所有叶片轻微发黄，随后变棕，边缘出现坏疽，最后枯萎。常见到只有一根枝条或大枝被感染，很像一面挂着枯叶的"旗"，如图 1-31 所示。这一特征不同于疫霉属枯枝病。当旁边的枝条受感染时，病原体已侵入了相连接的主茎，并同时向枝顶和根系两个方向继续侵染，如图 1-32 所示。在缺水的季节，患病死去的枝条最容易被人发现。

枯叶仍会留在枝上直到夏末，甚至更长时间，如果土壤水分充足，病情发展就不会很迅速。一般打霜前才开始落叶，枯枝的症状会在夏末、秋、冬观察到。翌年初夏，枯枝中未被病原体侵染的部分会萌发新枝条。

垂直方向观察，从最顶端的伤口或以前的修剪点向下会发现巧克力棕色至红棕色的横条纹。水平方向观察，茎干的一部分或全部会变色，变色即被感染，部分被感染的茎干会呈现 V 形的棕色区域。这一区域由病原体从树皮向枝内感染所致，如图 1-33 所示。病原体侵染可能会进入主茎，但有时只会侵染临近的大枝，如图 1-34 所示。

此病特征包括一根或多根分枝死亡；而此病不会在一个生长季内引起整株死亡。

症状不仅只会出现在叶片上，而且在浅色花朵上有时会出现斑点，深色花朵上会出现褪色，花梗会变色。这些症状会与 *Ovulinia azalea* 或灰葡萄孢（*Botrytis cinerea*）引起的花瓣枯萎病混淆。景观绿地中定植多年的成株较苗圃中生产的容器幼苗更容易受拟茎点霉属枯枝病的危害。

（二）病原体

人们容易从病组织中分离出拟茎点霉属（*Phomopsis*）种类［半知菌门（Ddeutero-mycota）球壳孢菌科（Sphaeropsidaceae）的无性真菌］。它们在温度为 25～28 ℃的大多数介质上时，无论是间歇性还是连续性光照都能生成大量孢子；也容易从置于马铃薯葡萄糖琼脂培养基中经过灭菌的杜鹃花叶片上培养出分生孢子器。α分生孢子较多，而β分生孢子较少。α分生孢子（平均大小为3.2 μm×7.9 μm）呈现透明的单细胞状，尾部浑圆。6 h内就能产生α分生孢子，25 ℃下浸水23 h后50%孢子萌发。培养状态下分离物的菌丝特征不同，一般而言，初生菌丝为白色，而后，有一些变成黄色，另一些变成黑色，绝大部分变成棕色。菌丝可能平伏或突起，在长时间培养的培养基上常常有罗氏链（ropy strand）。

（三）流行病学

这种真菌必须由植物伤口才能进入植物体内。这些伤口可以是自然存在的，如花、芽和叶痕；也可以是人为的，如修剪伤口。有一些病理学家认为，干旱胁迫会使杜鹃花更易患拟茎点霉属枯枝病。而未发表的试验研究表明，杜鹃花受水分胁迫时，并未促进疾病发展。对于在高气温（30 ℃）、低土壤湿度条件下感染的植物，其损伤不会超过较低温度（15 ℃）和土壤水分充足条件下未接种的植物。

植株创伤后8 d甚至更长时间都能够被感染。创伤4～8 d后伤口接种真菌，低于26%的茎干被感染。人工接种1～2个月后可以观察到枯枝发病，品种和接种枝条大小不同发病程度也不同。

拟茎点霉属真菌被推测在茎干木质部越冬。主要的感染源为分生孢子，它来自死亡组织中的分生孢子器。有性阶段［尖间座壳属（*Diaporthe* sp.）］尚未在踯躅杜鹃上报道，说明子囊壳产生的囊孢子可能并不是常见感染源。

（四）管理

在试管培养中，这种真菌对多种杀菌剂敏感。然而，在景观绿地中喷药的效果却不总是那么有效，因此需要知道更多关于病原体生命过程的信息。对杜鹃花使用新型杀菌剂，灌根、喷雾可能对控制此病有很好的效果，但现在没有实例支持这一推测。如果需要用杀菌剂治疗，可于花后两周内喷2～3次药。

不同杜鹃花品种由于在接种不同株系后反应有差别，因此可以通过栽培抗性品种来减少拟茎点霉属枯枝病的发生。最不抗病的品种有'Copperman''Fashion''Hinodegiri''South Charm''Tradition'和'Treasure'；中等抗病的品种有'Coral Bell''Orange Cup''Pink Ruffles'和'Pride of Mobile'；最抗病的品种有'Delaware Valley White''Hershey Red''Pink Gumpo'和'Snow'。

消毒有助于控制疾病发生。去除杜鹃花枯枝和死枝可以减少杜鹃花病原体来源，在死亡组织点以下需小心修剪枯枝、死枝。剪口应平滑干净，并且避免在潮湿天气下修剪，这样可以减少病原体感染。先进的园艺措施应该时刻谨记配合消毒措施以促进杜鹃花健康生长。

（编写：J. T. Walker；核校：W. O. Cline）

九、疫霉属枯枝病

疫霉属枯枝是杜鹃花疫霉属综合征中的叶部感染阶段，杜鹃花疫霉属综合征感染部位包括叶片、枝条、茎、根系。感染始于病原体随水飞溅到叶片，随后叶片和枝条上可能出现病变，但不一定会发展成根腐，如图1-35所示。

杜鹃花疫霉属枯枝病于20世纪30年代在法国和美国马里兰州、新泽西州被报道，随后在丹麦、德国与美国佐治亚州、纽约州长岛、北卡罗来纳州、俄亥俄州和南卡罗来纳州陆续发现。最近几年，此病在生产杜鹃花的绝大部分国家和地区均有报道。

过去，疫霉属枯枝病只是一种地方性疾病，只对地栽苗圃造成有限损失。然而，20世纪70年代，随着栽培方式从地栽转换到容器育苗，此病在某些苗圃成为了一种传染病。一些能够加速生产过程的措施，如喷灌、密植、施肥过多，以及对易感病品种的推广，很大程度上造成了此病的流行。幸好，已经有控制该疾病发展的方法。

尽管多种疫霉属真菌能够引起枯枝（表1-2），不过只有20世纪90年代早中期传入美国的栎树猝死病病菌让美国苗圃发生了巨大改变。因为这种真菌是要被监督管理的。那些运输杜鹃花和其他栎树猝死病病菌寄主植物的苗圃必须遵循各州和联邦的规定，即年度检查和详细记录。此外，这些苗圃需要遵循"最佳管理措施"（见第三章第二节驱赶、杀灭和检疫法规）。由于对苗圃产品有关于栎树猝死病病菌的规定，因此大多数种植者们也强调对疫霉属所有真菌的疾病管理，这些真菌能引起杜鹃花和其他易感植物发生枯枝和根腐。

表1-2　引起踯躅杜鹃和高山杜鹃枯枝病的疫霉属真菌种类

种类	踯躅杜鹃	高山杜鹃	种类	踯躅杜鹃	高山杜鹃
恶疫霉		√	节水霉状疫霉		√
P. cambivora		√	*P. hedraiandra*		√
樟疫霉		√	橡胶树疫霉（*P. heveae*）		√
柑橘生疫霉	√	√	*P. hibernalis*	√	√
柑橘褐腐疫霉	√	√	*P. hydropathica*		√
P. foliorum	√		*P. inflata*		√
缺雄疫霉（*P. insolita*）		√	*P. pseudosyrinagae*	√	
P. kernoviae		√	栎树猝死病病菌		√
烟草疫霉（*P. nicotianae*）	√	√	*P. syringae*	√	√
P. pini		√	*P. tropicalis*		√
P. plurivora		√			

在美国，俄亥俄州温室促成栽培的踯躅杜鹃和北卡罗来纳州容器种植的'Hershey Red''Hino Crimson'品种都报道了此病。其他国家和地区，踯躅杜鹃发病情况不详，此病在踯躅杜鹃上不常见。

（一）症状

感染疫霉属真菌的杜鹃花有以下症状：首先发生于当年春夏季生长旺盛的鲜嫩组织，无论它们何时长出，感染1~2 d后，幼叶上出现或多或少的圆形病斑，随后成为水渍状并呈巧克力色，如图1-36所示。3~5 d内，病斑扩大，病组织变干易碎，幼叶向内卷曲，如图 1-37 所示，叶片最后逐渐下垂贴近枝条。

幼叶病斑扩大到中脉使得叶柄也受到感染，随后通过叶斑侵染进入茎部，接下来茎感染可能会形成一个钻石形的溃疡，如图 1-38 所示。整个萌发的新枝在染病后 5~7 d 出现坏疽枯萎，枯萎速度由组织成熟度决定。一般枯枝症状发生在高度仅为 10~15 cm 的幼株上，如图 1-37 和图 1-39 所示，幼株感染疾病后可能会在 1 周内死亡。轻微受害成株开花后，在坏疽部位以下可能会萌发出新枝，如图 1-40 所示，而受害严重的容器苗成株最终会死亡。

在成株中，病原体会从感染的茎部经过叶柄扩散至健康成熟叶片并感染它。一般来说，侵染沿中脉进行，随后进入临近叶肉组织，形成一种 V 形坏疽，如图 1-41 所示。受这种方式感染的叶片一般在 1~2 周内凋落。枝条组织越成熟，病原体侵染速度越慢。

人们发现，在苗圃中侵染最初始于膨大中的芽、幼叶和幼茎。成叶（老叶）具有抵抗病原体的能力，除非存在机械损伤，如受到风或人工的影响。取上一年生长的叶片，在实验室条件下处理成小圆片，叶片也容易被感染。不管是幼叶还是成熟叶，其下表面组织的圆片较上表面组织更易被感染。这可能是由气孔作为病原体感染入口而导致。

一些疫霉属真菌如栎树猝死病病菌和 *P. syringae*，当温度为 10 ℃ 或以下的晚秋和冬季也能造成枯枝病，而栎树猝死病病菌感染的最适温度为 18 ℃。它引起的疫霉属枯枝病症状同绝大多数其他疫霉属真菌症状相似，除了症状发生时间以外并没有什么不同。栎树猝死病病菌甚至可以在加利福尼亚州沿岸的冬季侵染生长旺盛的枝条。

冬季温度低至 4 ℃ 时，*P. syringae* 还会造成杜鹃花叶斑和枝、茎溃疡。叶斑为不规则的坏疽，常发生于叶尖和叶边缘，如图 1-42 所示。此症状容易与栽培过程中的机械损伤相混淆，如化学药剂灼伤。受感染的叶片很快脱落，当叶柄被感染时会留下淡紫色至黑色叶痕。

可以通过颜色来区别 *P. syringae* 引起的树枝溃疡与恶疫霉树枝溃疡。恶疫霉引起的树枝溃疡通常凹陷，且呈棕色；而 *P. syringae* 引起的树枝溃疡不凹陷，通常是浅层的，并且总是呈现出亮黑色（图 1-43）。地栽植株最严重的症状为所有叶片掉落、所有枝顶芽死亡，枝条从顶部回缩若干英寸。植株这种症状看似死亡，但有时春季到来还会长出一些新枝。

一年苗龄的盆栽踯躅杜鹃，其疫霉属枯枝病症状与高山杜鹃相似。叶片呈现水渍状损伤，病原体入侵枝条（图 1-44）。不同点在于踯躅杜鹃幼嫩茎和成熟茎均会被病原体感染，导致整条茎死亡，如图 1-45 所示。同时，踯躅杜鹃常从基部萌蘖，踯躅杜鹃根颈处感染比高山杜鹃更严重。

（二）病原体

欧洲北部，常引起杜鹃花枯枝病的病原体有恶疫霉、*P. cambivora* 和柑橘生疫霉。在美国，恶疫霉、柑橘生疫霉和烟草疫霉更为常见，有时从病株组织中分离出柑橘褐腐疫霉、橡胶树疫霉、*P. lateralis* 和樟疫霉。在美国西北地区，*P. syringae* 被报道在冬季引起杜鹃花树枝溃疡、叶斑和枯枝。同时，*P. syringae* 也是在加利福尼亚州苗圃 2 年调研中分离频率最高的一种，尽管其具体数值并未公布。

最近几年，栎树猝死病病菌传入美国，联邦监督管理旨在预防此菌在美国传播，在东、西海岸同时开展的调研表明东部还未出现这种真菌。不同种类疫霉属真菌引起的症状高度相似，常常是借助分子手段才能从杜鹃花样本或其他易感植物上鉴定出病原体种类。虽然东部地区没有栎树猝死病病菌，但已经从患病植株中分离出其他种类的疫霉属真菌。

截至 2011 年，确认 20 种疫霉属真菌可引起杜鹃花枯枝或叶斑，见表 1 - 2。Koch 的推测和主要发现如下。

节水霉状疫霉这种菌常在美国东南部溪流和灌溉水源中发现，而在西海岸俄勒冈州苗圃研究中在杜鹃花叶片上发现此菌。

P. hedraiandra 在明尼苏达州苗圃的杂交患病杜鹃花上和斯洛文尼亚的克拉尼市内一公园中被发现。

P. hibernalis 为一种同宗交配的有易脱落孢子囊的真菌。在加利福尼亚州和俄勒冈州的苗圃研究中，这种菌连续 3 年均从酒红杜鹃栽培种 'Album''Rocket' 叶片组织中被分离出来。在西班牙北部，这种菌使得盆栽杜鹃花年复一年地发生枯枝病。

P. hydropathica 是在形态上与 *P. drechsler* 相似的一个新种，但系统发生上同 *P. parsiana* 有关。这个新种从杜鹃花坏疽叶片和灌溉用水中都有分离的案例，其致病性在栽培品种 'Boursault' 受伤的叶片上得到了验证，但不能使未损伤的叶片致病。现在还不知道有多少生产杜鹃花的苗圃存在此菌。

俄亥俄州苗圃中 *P. inflata* 和缺雄疫霉均在杜鹃花坏疽叶片叶尖中被发现。缺雄疫霉从黑海杜鹃（*R. ponticum*）上被找到，而与芬兰贸易的杂交杜鹃花上也检测出缺雄疫霉。在此之前，缺雄疫霉仅存在于中国台湾和海南地区。

P. kernoviae 是最近在英国威尔士发现的新种，能引起山毛榉溃疡病，造成大量树木死亡。因为黑海杜鹃常常在未得病的山毛榉林下成为优势植物，入侵种黑海杜鹃带来的病枝成为这种流行病的感染源。

P. nemorosa 在加利福尼亚州北部和俄勒冈州南部使柯树和加州海湾月桂（*Umbellularia californica*）患病。它在加利福尼亚州苗圃调查中从杜鹃花上被检测到，但并未在完整而受伤的叶片上测试是否致病。

Phytophthora. taxon Pgchlamydo 是节水霉状疫霉的变种，能产生厚垣孢子，在明尼苏达州苗圃杜鹃花病叶中被发现，而世界范围内多种木本植物的根系和叶片也分离出了这种真菌。其致病性还未有研究报道，同时还没有文献正式描述这个种。

柑橘生疫霉在疫霉属真菌中最常引起杜鹃花枯枝病，形态学和分子技术研究表明，它是一个物种复合体，曾在 1925 年发表无效名 *P. pini*，现在可用于柑橘生疫霉复合体的描述。俄亥俄州、马里兰州和弗吉尼亚州杜鹃花叶片上均分离出 *P. pini*，而它们对杜鹃花的致病力目前没有报道。另一个柑橘生疫霉复合体的新物种——*P. plurivora*，在德国、意大利和美国发现能引起杜鹃花枯枝。

栎树猝死病病菌最常见的寄主是美国西海岸苗圃生产的杂交杜鹃花。在欧洲，此菌既能在公园引起杜鹃花枯枝，也能在苗圃生产中引起杜鹃花枯枝。最初仅有 A2 型传入美国，而欧洲为 A1 型。随着植物交流，美国现存 3 种克隆株系：两种 A2 型（NA1、NA2）和一种 A1 型（EU1）。

P. tropicalis 是基于形态学和 DNA 序列从辣椒疫霉中分离出的新种，最初是在夏威夷热带木本植物中发现，后来在弗吉尼亚州杂交杜鹃花和观赏植物苗圃灌溉用水中也发现了这种菌，并在酒红杜鹃 'Olga Mezitt' 品种上验证了这种菌的致病力。

多年来，烟草疫霉被认为是引起常绿踯躅杜鹃枯枝病的首要菌种，这些杜鹃花品种常用于温室的促成栽培。随着对栎树猝死病病菌研究兴趣的增强，另外一些引起踯躅杜鹃枯枝病的菌种被分离出来，见表 1-2。在加利福尼亚州与田纳西州联合苗圃调查中，新种 *P. foliorum* 频繁地从常绿踯躅杜鹃中被分离出来。最适合 *P. foliorum* 生长的培养温度为 21～22 ℃。在致病力上，*P. foliorum* 与栎树猝死病病菌、*P. hibernalis* 以及 *P. lateralis* 相差不大。

在为期超过两年的一系列加利福尼亚州苗圃研究中，从踯躅杜鹃病叶中最常分离出的菌种为柑橘生疫霉、柑橘褐腐疫霉和 *P. foliorum*。这项研究还在踯躅杜鹃上发现 *P. hibernalis*、*P. taxon Pgchlamydo*、*P. syringae* 以及 *P. pseudosyringae*。经过选择的菌株株系在 18 ℃或 24 ℃的条件下接种到杜鹃花品种 'Fielder's White' 上，柑橘生疫霉、柑橘褐腐疫霉在两种温度下都使杜鹃花发生叶斑，而 *P. hibernalis* 和 *P. pseudosyringae* 在两种温度下都未使杜鹃花发生叶斑，*P. syringae* 仅在 18 ℃下导致叶斑发生。其他研究中，其他能引起杜鹃花枯枝病的疫霉属菌种，包括 *P. cambivora*、节水霉状疫霉和 *P. tropicalis*。在以上两种温度下，人工接种均未对杜鹃花造成损伤，这些菌株分离自非杜鹃花寄主（其他植物寄主），而来自非杜鹃花寄主的恶疫霉菌株能引起杜鹃花叶斑。

明尼苏达州的一项研究表明，从患溃疡的落叶踯躅杜鹃中发现了柑橘生疫霉，但尚未确认此菌的致病力。侵染踯躅杜鹃的疫霉属真菌要明显少于侵染高山杜鹃的疫霉属真菌。少数苗圃研究表明，踯躅杜鹃也是疫霉属真菌（侵染叶片型）的寄主。图 1-46 能协助人们初步判断杜鹃花枯枝病的病原体种类。

（三）流行病学

图 1-47 构建的是杜鹃花疫霉属枯枝病发病模型。由于疫霉属真菌最适生长温度为 4～30 ℃，所以季节和地理位置会影响枯枝病病原体的种类。降水或灌溉是引起疫病流行的常见环境因素，通过湿度影响病原繁殖体的产生、扩散和侵染。侵染时必须有水分存在，大雨后长时间的阴天也能增强病原侵染。

降水或灌溉时飞溅的水花可以传播繁殖体，即游动孢子和孢子囊，使它们从地面或基质表面扩散到新叶上。在苗圃研究中，烟草疫霉发病的高度平均距离地面 30 cm，范围为 17～60 cm，如图 1-48 所示，距离地面越远感染越少。染病植株的空间分布似乎和盆栽周围的水坑有关。

绝大多数新感染栎树猝死病病菌的原因是与染病植株树冠的接触，当两株距离 1 m 以上时，很少会发生新感染。因此，美国农业部动植物健康监察中心（Animal and Plant Health Inspection Service，APHIS）确认了栎树猝死病病菌寄主植物的消毒措施，即植物摆放区之间设置宽度为 2 m 的开敞间隔。在景观绿地中，疫霉属病原体来源包括染病植株的枯枝落叶和溃疡伤口，以及染病植株病叶上的病斑。有早落性孢子囊的疫霉属真菌（柑橘生疫霉、*P. nictianae*、*P. foliorum*、*P. hibernalis*、*P. inflata*、*P. kernoviae*、*P. syringae* 以及 *P. tropicalis*）更可能在降水和灌溉中以孢子囊形式传播扩散，随后释放游动孢子。

与老叶相比，杜鹃花幼叶更易被游动孢子感染。然而，由于毛被阻挡了游动孢子的侵染，那些幼叶具毛的品种则没么容易感病。不管是幼叶还是成叶，存在机械损伤会增加感染。

温度是影响侵染率的一个因素。在 30 ℃下，杜鹃花叶片在橡胶树疫霉游动孢子悬浊液中 6 h 即被侵染；而在较低温度下侵染率下降，25 ℃下 6 h 仅有 67%叶片被侵染，16 ℃下 24 h 侵染率为 50%。在加利福尼亚州海岸的研究中，栎树猝死病病菌造成的创伤症状在平均气温为 8~9 ℃的秋冬季比平均气温为 15 ℃以上的春夏季扩展得更快。受感染的叶片也仅在冬季凋落，其他季节很少落叶。

而在栽培中，感染率同菌丝生长率没有较大的联系。柑橘生疫霉的最佳生长率出现在 16~30 ℃，而 *P. nictianae* 和橡胶树疫霉的最佳生长率温度为 16~34 ℃。对于喜温种类而言，温度低于 15 ℃时，温度就成了一种限制因素。

将染病的完整杜鹃花离体叶片置于湿润环境中培养过夜，其叶片表面的水滴中形成了橡胶树疫霉的游动孢子。而栎树猝死病病菌感染的叶片在 15 ℃下需要 1 d 形成游动孢子，10~20 ℃需要 2 d 形成游动孢子，在更冷或更热的情况下 3 d 才形成游动孢子。叶片的病斑面积与游动孢子的形成时间并没有关系，感染栎树猝死病病菌的三年生植株叶片上形成的游动孢子少于一年生植株叶片上形成的游动孢子。其他种类的疫霉属真菌形成游动孢子的时间仅需 8~12 h。至此，一定时间的湿润和适宜的温度使得病斑产生新一代游动孢子，让新一轮的侵染在生长季节循环发生。

同宗配合真菌（恶疫霉、柑橘生疫霉以及橡胶树疫霉）接种杜鹃花叶片，叶片表面液滴和组织中发现了卵孢子，如图 1-49 所示。卵孢子不仅为菌株带来基因变异的机会，还是一种长期生存的结构。根据种类和环境条件的不同，卵孢子的萌发率可能会变化很大，由此产生的孢子囊会传播至寄主，如图 1-50 所示。对于异宗配合真菌，栎树猝死病病菌会在感染的叶片表面、叶片组织内、茎组织内形成大量厚垣孢子。对这种病原体的生存来说，厚垣孢子至关重要。

实验室条件下，对于自然风干的感染叶片，其内部烟草疫霉的存活率下降。保持干燥 18~22 d，真菌将会失活。苗圃中，凋落而经过风干的病叶可能无法成为二次感染源，也无法成为有活力的枯枝病病原体的避难所。马醉木（*Pieris japonica*）上柑橘褐腐疫霉的存活率也有类似研究报道。

干燥对孢子囊的形成和游动孢子的释放有显著影响。病叶风干后 1~2 h，叶片产生的孢子囊数量仅为经无菌水浸泡 3 d 后叶片的 16%；风干后 3 h 以上的病叶不再释放游动孢子。

一般假设，病叶中释放的孢子囊和游动孢子是病原体生命周期中的二次繁殖体。但降水和灌溉时，游动孢子随水飞溅的有效距离还未确定。因此，苗圃中密集的摆放方式很适合枯枝病病原体在植株间传播，就像之前提及的栎树猝死病病菌一样。当足够的游动孢子和孢子囊接触根系时，它们也有可能引起杜鹃花疫霉属根腐病。

杜鹃花幼叶中过高的氮元素能显著影响恶疫霉属枯枝病的患病概率，如图 1-51 所示。含氮 1.8%~2.5%的杜鹃花叶片很容易患病；而含氮率低于 0.7%的叶片，病斑更少且病斑不会扩大。但是，低氮素条件下被感染的植株在施肥后产生了严重的枯枝症状。因此，在低氮素条件下，这种疾病仅表现为叶斑，而高氮素情况下则表现为典型的枯枝病。在感染栎树猝死病病菌的栽培杜鹃花中，叶片氮素水平同叶斑损伤大小也有类似的关系。

北卡罗来纳州进行的一年期研究容器中松树树皮基质中烟草疫霉的自然存活率，结果表明，从 3 月或 4 月至 12 月均从基质中发现真菌，而 1 月、2 月没有发现。俄亥俄州的马醉木叶片研究中，柑橘褐腐疫霉也出现了相似的症状。这一症状表明，严冬季节有生命力的繁殖体被迫休眠。此外，严冬时柑橘褐腐疫霉不能在除杜鹃花科植物根系和叶片以外的寄主上被找到。同样，栎树猝死病病菌也有这种报道，即 4 ℃下处理土壤样本 6 周，后续的实验检测出更多生物活体。

湿度和温度同时对繁殖体越冬有较大影响。烟草疫霉可存活于被掩埋而保持湿润的组织中。经过冬季，随着组织腐烂，烟草疫霉的发现率越来越低。而在容器基质表面干透的叶片中，真菌无法存活。烟草疫霉以及其他喜温的疫霉属真菌在温度降至冰点或以下时，就会被杀死。在实验室条件下，病叶中的烟草疫霉在温度低于－4.5 ℃时，存活不超过 3 d。在俄亥俄州苗圃中，柑橘褐腐疫霉可以在冰点温度下存活。

烟草疫霉除了在盆栽基质中染病植物遗骸上生存外，还在越冬病枝中被发现。除冬天最冷的时期之外，真菌始终都存在于叶片和叶柄中。对于许多疫霉属真菌来说，病叶和病枝为其整年生长繁育提供了良好的环境条件。当植株被销售而种植到绿地中，随着病株萌发新枝和气候条件的适宜，病株周围就会发展成疾病热点地区。所以，枯枝病病原体可以在基质和患病植株组织中越冬存活，成为来年疾病暴发的根源。

（四）管理

实际苗圃管理中，应定期查看植物，一旦植物有健康问题就能尽早解决，以减少苗圃经济损失。多种方法综合使用才能对疫霉属枯枝病起到有效管理，就像综合虫害管理方法那样。特别是对栎树猝死病病菌，已经有一系列最佳管理措施用于预防这种病原体在苗圃间和苗圃内传播。作为 APHIS 规范协议的一部分，相关地区的苗圃（目前是西海岸各州）必须执行这些措施，并以文档形式记录管理操作，作为年检材料。

以下最佳管理措施对其他疫霉属真菌同样有效，但使用时仍需因地制宜。

（1）栽培措施。喷灌和频繁降水营造出的高湿环境有利于疫霉属真菌存活、形成和传播孢子，正是这些真菌引起了杜鹃花枯枝病。改进灌溉方式有助于减少枯枝病发病概率。应避免于清晨和傍晚使用顶部方式喷灌，因为湿叶片和潮湿的环境有利于孢子形成、扩散和侵染植物。同理，避免窄间距摆放方式，因为植株间距越窄，喷灌或降水后树冠干燥所需时间越长，窄间距也会促进病菌在植株间的传播。

地面覆盖一层 5～7 cm 厚的碎石，用于阻止真菌繁殖体随水飞溅到容器苗上，这种方法能明显抑制疾病，如图 1 - 52 所示。尽管铺设碎石的成本比较高，但长期收益将超过投入成本。另一种常用的地面覆盖材料为黑色塑料编织地布，它既能阻止杂草生长同时又能维持渗水，将积水减至最少。无论是使用碎石还是地布，都需要抬高苗床，这样有利于排水。在景观绿地中，植株附近覆盖 5～7 cm 厚的松树皮或粉碎后的硬质木树皮也能起到与苗圃中覆盖碎石相同的作用。

施肥同样能显著影响疾病的发展，正如前面所描述的那样。应避免使叶片含氮过多，过高水平的氮素含量还会促使夏季多次萌发新枝，而此时外界环境最适合病原体侵入植物。生长季叶片组织成分分析能协助人们正确调整施肥量。

（2）抗性。大多数的杂交杜鹃花品种和原种极大杜鹃（*R. maximum*）对疫霉属枯枝病的抗性差。在杜鹃花苗圃调查中，最常发生枯枝的栽培品种有 *R. catawbiense* 'Album' 'Chionoides White' 'Nova Zembla'，而最少发生枯枝的品种有 'P. J. M. ' 'Roseum

Elegans''Scintillation'。在抗性差的品种中，如'Cunningham's White'感染栎树猝死病病菌后，其损伤扩展速度是中等抗性品种'P. J. M.'的5倍。存在机械损伤时，即使是有一定抗性的品种在适宜条件下也会被感染患病。在比利时，21个杜鹃花原种和42个品种在损伤接种后患病，而有一些种类和品种在未损伤对照中没有患病。病斑的扩大率在这些杜鹃花的叶片和茎组织上存在差异。

（3）消毒。对于没有干预而患疫霉属枯枝病的植株，狠心丢弃和修剪枯枝能减少疾病大暴发的可能，同时减少苗圃经济损失。由于从病叶入侵成熟木质化茎的速度远慢于入侵幼嫩茎的速度，所以成年植株的病枝可以修剪至变色木质茎以下。但消毒仅在患病概率低、植株大而价值高时才可能经济有效；而成批成块感染栎树猝死病病菌的杜鹃花，需要遵从APHIS苗圃协定来根除病原体。

另一种有效的消毒方法是减少已发病区域潜在的病原体，清除掉落在地面上的病叶。在使用地布覆盖的场所，清除完地布上的病叶后还需要使用杀菌剂。同理，在发生了枯枝病的繁殖温室，对植株各个表面全面喷洒消毒剂是一个很好的措施。

过去几年的研究证明，疫霉属真菌常见于循环灌溉用水的水池中。水池中病原体毫无疑问源自患病植株产生的孢子囊和游动孢子，病原体通过循环水而抵达水池。疫霉属真菌繁殖体在水中的存活时间不一，可能会随水进入灌溉水网中。在灌溉前，这些病原体可以通过处理方法被杀死，具体请看第三章第四节中的水处理技术。

（4）化学方法控制。种植者依赖杀菌剂预防疫霉属枯枝病的发展。绝大多数标签上注明适于疫霉属真菌的卵菌纲杀菌剂实际上是抑菌剂，而不是真正的杀菌剂。因此，这些药剂最好用于预防，但也会带来弊端。因为施用药剂后病症的发展会变得缓慢，日常巡视过程中会忽略这些已经患病的植株。

一系列杀菌剂能有效预防杜鹃花疫霉属枯枝病。一些老药，如表面接触型的克菌丹、代森锰锌可用于叶面喷雾，但在每天喷灌条件下其预防感染的时效仅有5~7 d。

杜鹃花叶片活体测定显示，提前5~8 d给二年生杜鹃花使用系统型杀菌剂灌根，如甲霜灵、精甲霜灵，随后接种橡胶树疫霉仍能控制枯枝。三乙膦酸铝灌根后能预防大约14 d，在此期间，向二年生杜鹃花的幼叶接种橡胶树疫霉也无病症，但其他研究显示三乙膦酸铝对栎树猝死病病菌防效不佳。

当栎树猝死病病菌出现在杜鹃花苗圃和西海岸地区生产其他植物的苗圃时，美国和其他国家开始研发用于控制它的卵菌纲杀菌剂。在俄勒冈州，于'Nova Zembla'品种上使用甲霜灵喷雾或灌根，再接种不同疫霉属真菌，结果表明这种方法对控制病斑扩大有一致效果，这些真菌包括恶疫霉、柑橘生疫霉、烟草疫霉和栎树猝死病病菌（图1-53）。使用精甲霜灵后6周内，病斑没有继续增大。但在接种柑橘褐腐疫霉时精甲霜灵无效。其他测试的药剂对不同种类的真菌来说，控制病斑扩大的效果不一，这些药剂有氰霜唑、烯酰吗啉、咪唑菌酮以及两种磷酸衍生物。

在加利福尼亚州，对'Cunningham's White'和'Irish Lace'叶片喷施烯酰吗啉、咪唑菌酮、精甲霜灵以及唑醚菌酯，与不喷药的对照相比，栎树猝死病病菌引起的病斑扩大率最小。在接种前1~14 d用杀菌剂处理植物，其预防效果均可以持续14 d。但感染后施用杀菌剂则不能阻止病斑扩大，从病斑组织中仍能分离出栎树猝死病病菌。

在比利时，研究人员给'Percy Wiseman'和'Germania'预防性地施用不同药剂，随后对这两个品种无损伤叶片的叶背喷洒栎树猝死病病菌的游动孢子悬浮液，结果不同药剂对植株有不同保护效果，其中'Percy Wiseman'为中等抗病品种而'Germania'为易患病品种。使用的药剂有三乙膦酸铝、精甲霜灵、氰霜唑、苯噻菌胺、烯酰吗啉、霜脲氰和代森锰锌，保护效果最好的药剂为精甲霜灵、氰霜唑和苯噻菌胺，保护效果中等的为三乙膦酸铝、烯酰吗啉，霜脲氰和代森锰锌保护效果不佳。以上药品在发病后作为治疗剂时都不能阻止病斑的发展。在英国，在接种栎树猝死病病菌前4～7 d，使用精甲霜灵、嘧菌酯和咪唑菌酮/代森锰锌混合剂均起到了预防效果，但发病后作为治疗剂时效果不佳。

在夏季，用药预防喜温的疫霉属真菌需要遵循以下要点：全面喷洒新萌发的枝叶，特别是叶片背面，这是预防新感染的关键。

在生产杜鹃花的苗圃中，没有唯一的方法可以用来预防疫霉属枯枝病。疾病预防需要深度整体的最佳管理措施，包括正确的栽培措施、选择抗性品种、适当使用杀菌剂等。

（编写：D. M. Benson and H. A. J. Hoitink；核校：D. M. Benson and R. G. Linderman）

十、帚梗柱孢菌属枯萎病

踯躅杜鹃帚梗柱孢菌属枯萎病是由一种或多种帚梗柱孢菌属（*Cylindrocladium*）真菌引起的真菌性疾病，主要的真菌为 *C. scoparium*。1955 年该病由 M. I. Timonin 和 R. L. Self 描述，并在 19 世纪 60 年代温室催花杜鹃生产浪潮中成为种植者关注的焦点。发病率的突然增加与该行业的急剧扩张相对应。周年用花需求，盆栽杜鹃花数量的增加，这些都导致了不同国家种植者间的植物材料运输。同时，易感病的品种输入概率也相应增加。人们缺乏对病原体生命周期的认知，也缺乏有效药剂的信息。

一旦大多数生产催花杜鹃的温室存在这种病原体，那么很快就会发生一种流行病。随着对病原体生命周期的了解以及新的有效的化学药剂的研发，除了某些病原体很顽固的地区，这种流行病又很快消失。虽然很多杜鹃花种类和品种易感染此病，但此病不会成为温室或苗圃生产中的主要威胁，而病原体在景观绿地中有很强的发展潜能。

很多帚梗柱孢菌属真菌为地栽作物的主要病原体，如大豆、花生，苗圃中的针叶树、庭荫树、各种桉树、微型月季等。它可以造成扦插苗腐烂、猝倒、叶斑、枯枝、茎腐、根系疾病以及块茎腐烂。

（一）症状

帚梗柱孢菌属枯萎病不同寻常的特征是它可以引起叶斑、茎溃疡、花朵病斑或枯萎、全株枯萎以及根腐，很少有其他种类的病原体能造成如此多的疾病种类。

帚梗柱孢菌属真菌引起的叶斑为离散型的叶斑，叶斑中心有坏疽。每个病斑中心周围有变色，白色花品种变色区域为枯黄色，而粉红、红色花品种变色区域为浅棕色至泛红色，见图 1-54。红花品种的叶背，病斑附近的叶脉也带有红色。这种红色正是光介导的乙烯反应造成的，病菌侵染产生乙烯，随后乙烯导致落叶。

空气中的病原体还可以使花瓣产生坏疽斑点，最终导致花瓣早落（图 1-55）。这种情形在苗圃生产中的影响比催花生产的影响小，因为苗圃生产中大部分尚未开花。

根腐和全株枯萎是最大的危害形式，种植者对此最为关注。在植株地上部一系列症状出现前，根腐可能已经发生，这一系列症状为生长停滞、叶片发黄并最终枯萎，如图1-56、图1-57所示。所以，染病的扦插苗可能不表现症状，而从育苗商运输到催花商时病症才表现。运输、上盆、过多的水分和肥料引起的生理压力，甚至是周围环境的改变都会成为此病发生的导火索。

人们常常把3株小苗组合为一盆，不过其中一株不久后死亡，这株死亡的苗就是在繁殖过程中被真菌感染，而其他两株没有（图1-58）。如果将死亡植株的茎切开，就可以清楚地看见茎为棕色。由毒素引起的根系腐烂，大部分为皮层腐烂并且在病变之前经常有一些筛管变色。

（二）病原体

踯躅杜鹃帚梗柱孢菌属枯萎病由多种帚梗柱孢菌属（子囊菌门肉座菌目）真菌引起，如*C. scoparium*，*C. floridanum*，*C. theae*，*C. parasiticum*。最常见的真菌为*C. scoparium*。

帚梗柱孢菌属真菌的繁殖阶段见图1-59。每个种都能产生像赤壳属（*Calonectria*）真菌那样的完美结构——子囊壳（图1-59E）。赤壳属的子囊壳内含有8个子囊孢子，相对湿度达到100%便会被释放，而在湿度不足时也可以被强制释放。大多数种也可以产生微菌核，见图1-59D。它们能直接通过芽管萌发或通过分生孢子梗间接萌发，分生孢子梗能产生大量具隔膜的细长分生孢子，如图1-59（A~C）所示。分生孢子梗通常形成具有末端细胞的菌丝，如细长或球形膨胀，即囊泡。该属的物种划分是基于分生孢子的大小和分化及茎的末端细胞的形状，以及赤壳属状态的子囊壳和子囊孢子性状。此外，分子技术和其他培养技术也被用于鉴定物种。

（三）流行病学

气生分生孢子落在叶片或花瓣后产生踯躅杜鹃帚梗柱孢菌属枯萎病。孢子的芽管通过气孔或直接穿入表皮细胞并引起细胞坏死。当叶片和花瓣仍为鲜活状态时，真菌不会形成孢子。当叶片和花瓣脱落后，真菌以植物残骸营腐生，发展出厚壁的、棕色至黑色的菌丝和微菌核。当微菌核上长出分生孢子梗后便产生第二代分生孢子，并伸出叶片表面。分生孢子通过风或随水飞溅传播。当赤壳属有性世代存在时，子囊壳会从微菌核中长出（类似子座）伸出叶片表面。子囊孢子以软泥形式随水飞溅传播或被迫进入空气。

凋落的感染叶片上的分生孢子可随水进入泥土，此时它们可能会接触到根系。萌发孢子的芽管穿入根系导致皮层细胞死亡以及可见的溃疡创伤。因为形成孢子需要光线，第二代分生孢子很少从患病根系长出。然而，患病根系中可以形成微菌核，它们与叶片、花上形成的那些微菌核一起构成了土壤中帚梗柱孢菌属真菌的长时间生存形式。这些繁殖体可能会直接萌发感染根系或在土壤表面形成分生孢子梗、分生孢子，成为侵染繁殖体。

帚梗柱孢菌属真菌有着很强的腐生能力，这有利于它们在土壤中存活。它们易于侵染杜鹃花鲜活叶片或其他寄主，并在侵染组织上产生微菌核（图1-60）。同时，这些真菌还可以侵染木屑或木片并产生微菌核。所以，这些真菌足以成为病菌或腐生菌。

尽管现在还没有关于踯躅杜鹃对于帚梗柱孢菌属枯萎病抗病能力的文献，但某些品种要比其他品种更容易患帚梗柱孢菌属枯萎病。分生孢子液滴感染离体杜鹃花叶片的生物测定研究表明，不同品种间无明显区别。枝条顶部的叶片不易被病菌侵染，而枝条下部的叶片很容易被侵染。

不同杜鹃花品种和其他杜鹃花科植物（如马醉木）被侵染的情况揭示出它们的弱抗病能力，但是这个病在苗圃培育和景观绿地中却很少发生。即使微菌核可以在土壤中存活多年，在苗圃乔木种植地中病原体已经成为很严重的问题，在景观绿地中这种疾病还很少在踯躅杜鹃上发生。

帚梗柱孢菌属枯萎病对温度变化十分敏感，发病的最低温度为 18 ℃。随着温度升高，发病概率也相应升高，27～32 ℃时发病严重。这种变化足以解释为什么此病在温暖湿润地区和温室条件下容易出现。高温伴随着高频率灌溉，这将同时提升叶片、花瓣表面流动水停留的时间和次数，并有利于孢子萌发和侵染。

在促成栽培初期（催花初期），杜鹃花可能会受到过多水分和肥料的压力。这种病往往出现在促成栽培的初期，人们推测正是这种压力使植株易于感染帚梗柱孢菌属真菌或有利于此病的发展。但同时观察到，不同栽培者之间存在一些差异。其中，一位观察者的栽培环境有利于疾病发生，而另一位不利于疾病发生，然而流行病学在这一方面还未开展研究，尚未形成定论。

这种病可以表现为叶斑和根腐，看似表现为不同病症，但实际上却相互关联。原因是扦插繁殖和促成栽培的地理区域不同，导致发病阶段不同，在扦插繁殖地表现为小而不显眼的叶斑。枝条被采集，扦插在苗床上并在高湿环境中生根，患病叶片随后掉落在苗床上。枝顶叶片的抗性较下部叶片更强，下部叶片更易被感染并掉落。

当扦插地很密时，掉落的叶片不会被人注意。但掉落的病叶会在几天内萌发微菌核、分生孢子梗和分生孢子，它们能随水溅到其他叶片上或随水冲入扦插基质侵染植物根系，由此引起根腐。因为扦插苗没有受到水分胁迫压力，染病植株不会表现出病症，有些植株甚至运输到促成栽培生产者手中时依然没有病症。当然，也有一些扦插苗在插床中死亡，随后被清除丢弃。有些靠近发病区域的植株没有被丢弃，成为漏网之鱼，而这一部分苗很有可能被病原体感染。

当被病原体感染而暂无病症的扦插苗运输至促成栽培生产者手中，并准备促成栽培后，病症很快就在根系和木质茎中发展，枝条顶部出现缺水、缺营养，随后开始枯萎、死亡。

病叶、病花和根系中含有的微菌核会混入扦插和盆栽基质中，这些病原体可以在基质中存活多年，特别是当新的绿色植物组织或其他物质加入基质中时更有利于真菌营腐生生活。帚梗柱孢菌属真菌正是靠着这样一种能力在商业苗圃中存活多年，如果染病的介质和容器未被化学或物理方法消毒，重复使用时将引起严重的疾病和造成经济损失。

（四）管理

踯躅杜鹃帚梗柱孢菌属枯萎病可以通过结合化学防治和改良的栽培措施来管理。采插条用的母株喷洒保护性药剂以避免将病原体引入繁殖温室。应选择无病斑的枝条用于扦插。可以选用生产植株上的新枝作为插条而非成品苗上的老枝，因为新枝的抗病力强于老枝。

那些可能接触了孢子而没有叶斑的插条最好经过消毒处理，可以用氧化剂（次氯酸或二氧化氯）浸泡插条，也可以使用有效的商用杀菌剂浸泡。但这种方法只能杀死植物表面和气泡外的真菌。扦插基质在没有加热消毒或用杀菌剂处理前不应重复使用，如果繁殖苗床上出现感染区域，区域中心有病植株以及该区域周围无病症的植株均应被丢弃。

触杀型和系统型药剂喷涂、灌根均能有效控制根腐和叶斑，但用药间期若太长，感染可能会在下次用药前再次发生。预防踯躅杜鹃扦插苗根腐的有效杀菌剂有咯菌腈、氟菌唑，其次有嘧菌酯、唑菌胺酯以及肟菌酯。

（编写、核校：R. G. Linderman）

十一、其他枝条枯萎病

（一）芽和嫩枝枯萎

这是由杜鹃花芽链束梗孢 ［*Pycnostysanus azalea*（syn. *Briosia azalea*）］（子囊菌门）引起的一种嫩枝疾病，已经在 *Rhododendron arborescens*、酒红杜鹃（*R. catawbiense*）、*R. macrophyllum*、极大杜鹃（*R. maximum*）、*R. nudiflorum*、*R. viscosum* 上报道发生过，这种病可能还会在其他杜鹃花属植物上发生。相比美国其他地区，它在美国东北部更为常见，而发病最南的区域为北卡罗来纳州。

症状表现为小枝死亡以及小枝顶部的芽死亡，芽鳞为银灰色。感染后第二年病原体的孢梗束会在小枝与芽上形成（图 1 - 61）。建议在晚秋至早春清除病枝。用于其他严重真菌性疾病的杀菌剂，应该能有效控制这种疾病。

（二）踯躅杜鹃枯枝病

这种疾病由 *Monilinia azaleae*（子囊菌门核盘菌科）引起。它是一种世界范围内广泛分布的真菌，常常在花期侵染植物。在杜鹃花种荚中形成假菌核，染病的种荚不会炸裂，即使凋落地面仍不会炸裂。翌年春季种荚会长出子囊盘，当植物再次开花时种荚上常常有很多分生孢子。

目前无法推荐相应的管理措施，不过大部分用于其他严重真菌性疾病的杀菌剂，应该可以有效控制这种疾病。

（三）拟盘多毛孢属真菌叶斑和枯枝病

这种疾病由 *Pestalotiopsis sydowiana*（子囊菌门炭角菌目）（syn. *P. rhododendri*）引起，它能在多种杜鹃花上发生。一般认为是小的寄生虫通过机械伤口进入植物体内，并且对苗圃中的扦插苗和景观绿地中的大植株造成轻微损失，可清晰看见黑色脓包状突起散布于叶斑表面或死组织上。在日灼或冻害过后的叶片上，受 *P. sydowiana* 影响感染区域会出现银灰色光泽，又称之为 "Gray blight"。拟盘多毛孢属真菌易于通过显微镜观察形状、颜色和顶端附属物来鉴定。*P. guepinii* var. *macrotricha*（syn. *Pestalotia macrotricha*）的分生孢子较 *P. sydowiana* 的小。

采用适当的栽培措施，如在阴凉处种植杜鹃花、覆盖护根、避免不必要的机械伤害、喷药控制虫害，以防止植物受伤。这是预防这种疾病的最好方法。

（编写：J. T. Walker；核校：D. M. Benson）

十二、杜鹃花瘿瘤病

杜鹃花瘿瘤病由外担子菌属真菌 *Exobasidium* 引起，这虽然不是一种杜鹃花重症，不过在温室、苗圃和景观绿地中却麻烦不断。在高湿环境中，这种疾病会使杜鹃花活力下降并且使杜鹃花的外观很难看。国外有时称之为"粉色瘿瘤"，这一名称源于那些膨大的像苹果一样的瘿瘤，有时候长在 *R. nudiflorum* 上，当地人把它称为 Pinkster flower，如图 1-62 所示。

这种病的起源尚不清楚，但病原体总是围绕着杜鹃花而进化。在 20 世纪早期，欧洲就常见杜鹃花瘿瘤病，从那之后世界各栽培杜鹃花之地均发生此病。美国各州也是广泛发生。

（一）症状

杜鹃花瘿瘤病最明显的特征就是染病部位出现增厚的肉质结构。快速生长的叶、花以及幼嫩枝条都很容易被病菌侵染。最常发病的部位是叶片，叶片的一部分或整个叶片都被感染肿大。

瘿瘤从单个小的泡状物发展成无固定形状的囊状物，直径 2.5～5.0 cm。瘿瘤的颜色根据菌株和杜鹃花品种的不同，为绿色或浅粉红色（图 1-63、图 1-64）。植物体内真菌刺激组织，造成细胞不正常分裂和扩大，从而形成瘿瘤。瘿瘤生长迅速，生长初期柔软多汁，随后白色的真菌在瘿瘤表面生长（图 1-65），开始缓慢变棕、变皱、变硬。

侵染的真菌种类不同，症状也会有所变化。某些杜鹃花表现为黄色叶斑，某些表现为叶片上表面失绿，如图 1-66、图 1-67 所示。随着时间推移，斑点覆盖一层白色菌体组成的担子子实层，最终从斑点内部向外逐渐变棕。不正常的芽增殖（丛枝病）国外称为 Wiches'-broom，在世界各地的某些杜鹃花上也有报道。

（二）病原体

外担子菌属内有多种真菌与杜鹃花瘿瘤病有关。该属的分类仍是一个相当大的研究课题。传统的分类学将它划入无隔担子菌亚纲（Holobasidiomycetidae）外担菌目（Exobasidiales）外担菌科（Exobasidiaceae）。有研究者认为，外担子菌属与子囊菌纲（Ascomycete）外囊菌属（*Taphrina*）有密切亲缘关系。不过，最近关于隔膜、担子、吸器结构的研究表明，外担子菌属真菌与锈病菌目（Uredinales）隔担菌目（Septobasidiales）以及寄生植物的木耳菌目（Auriculariales）真菌有亲缘关系。

由于缺乏便于鉴定的子实体，同时又有无特点的担子，该属真菌定种有难度，担子能产生 2～8 个甚至更多数量的担孢子。分类学家要注意，外担子菌属大部分种类的描述不完整。

在美国，杜鹃花瘿瘤病一般由 *E. vaccinii* 引起，而在中国、日本和韩国由日本外担子菌（*E. japonicum*）引起。但是，*E. rhododendri* 在世界范围内均有报道，*E. burtii* 被认为能引起黄色叶斑，*E. vaccinia - uliginosi* 导致丛枝病。

文献记载，还有其他种类的外担子菌属真菌引起杜鹃花瘿瘤病，这显然出现了相当多的真菌生理分化。系统发生研究显示，在日本，发病于杜鹃花上的日本外担子菌、*E. rhododendri*、*E. shiraianum* 较 *E. vaccinii* 聚类更为紧密，而 *E. vaccinii* 除了以杜鹃花为寄主外还危害其他很多植物。

（三）流行病学

真菌以孢子形式在寄主植物芽鳞内越冬。而有一些外担子菌属种类在寄主全株上都有，这可能是它们的生活方式。当芽开始萌动生长时，孢子也开始萌发侵染芽。踯躅杜鹃的叶片长小于 8.5 cm 时最容易感染真菌，老叶能抵抗真菌感染。芽苞绽开时的环境湿度也可以影响侵染进程。与在通气良好的土壤上种植相比较，易感病品种在通气不良的土壤上更易患病。枝条下部叶片患病较上部严重，但在高湿环境中上部叶片同样会患病，特别是在温室中。

感染后，真菌刺入植株组织，通过这种方式吸取营养，随后感染部分形成瘿瘤。当瘿瘤还未变硬时，真菌在细胞间隙中生长突破表皮，在瘿瘤表面形成担子和孢子，因此瘿瘤表面看上去有一层白霜。担孢子出现隔膜，并且可能会萌发形成分生孢子。担孢子能随风或雨水传播到邻近植株，随后形成新的瘿瘤。有些担孢子落在叶芽、花芽上或附近，在此越冬，翌年春季芽萌动后再次引起瘿瘤。真菌的越冬需要更多研究以详细阐述，而目前还不知道分生孢子在自然中扮演什么样的角色。

瘿瘤病是杜鹃花科植物病害中的一种主要疾病，而其他观赏植物也会发生。不管是在苗圃还是景观绿地中，此病发病范围广泛。大部分美国产的杜鹃花原种、园艺杂交种易感染瘿瘤病，而其中某一些种类较另一些种类更羸弱。Southern Indica 栽培群被认为是特别容易染病的品种，极大杜鹃和酒红杜鹃以及它们的杂交后代也是如此。

通风不良的温室中，瘿瘤病会特别严重。在美国沿海潮湿地带常出现这种病，而内陆也会出现。喷灌会为发病创造机会，因为喷灌会淋湿生长中的叶片。而景观绿地中的瘿瘤病病情程度因当年杜鹃花叶片生长时的湿度水平变化而变化。

（四）管理

一般而言，杜鹃花瘿瘤病无须过多的管理。尽可能降低湿度，增加通风，避免叶片淋湿（特别是在温室中）就能减少染病。如果可以，在瘿瘤变白之前摘除它们可以有效控制疾病，手工摘除瘿瘤可以减少病原。杀菌剂治疗效果一般不佳。在某些地区，选择抗性稍强的品种也是一种很好的管理方法。

（编写：J. L. Peterson；核校：D. M. Benson）

十三、卵孢核盘菌属花瓣枯萎病

卵孢核盘菌属花瓣枯萎病又称杜鹃花花瓣枯萎病或花斑病，这种病在杜鹃花开花时是一种毁灭性的病害。1931 年在美国南卡罗来纳州首次报道，随后（20 世纪 30 年代）在美国东南部各州迅速传播，特别是栽培踯躅杜鹃的地区。1938 年在得克萨斯州发现，1940 年传播至加利福尼亚州。大西洋中部各州在 20 世纪 50 年代才报道此病，并且温室中的苗木来自美国南部地区。一般认为，花枯病的病原体无法在如新泽西州及更北地区露地越冬。但是，20 世纪 60 年代末期，卵孢核盘菌属花瓣枯萎病在新泽西州的多个露地栽培杜鹃花的地点上建立了"根据地"。至 1972 年，康涅狄格州、纽约州南部以及罗得岛州，其露地栽培杜鹃花中均发生了此病，澳大利亚、比利时、法国、英国、日本、新西兰以及瑞士也发生了此病。

在许多温室，踯躅杜鹃、地栽高山杜鹃中卵孢核盘菌属花瓣枯萎病是主要疾病，花瓣是该病病原体唯一感染的植物器官。因此，杜鹃花爱好者、温室催花商、家庭种植者以及园丁比苗圃管理人更关注这种疾病。

（一）症状

染病后，花瓣初期表现为小而透明的斑点，呈水渍状，直径约 1 mm，如图 1 - 68 所示。花未盛开前斑点就可以在花瓣上生成，在外界环境适宜时，斑点能迅速扩大，随着真菌穿透花组织，斑点变得黏滑，如图 1 - 69 所示。

随着病情进一步发展，整朵花都变得黏滑而疲软，如图 1 - 70 所示，手指轻轻一搓就会凋落。斑点越多花瓣凋落速度越快，这使得整个花序都变得黏滑而疲软。被感染的地方很快变为黄或淡棕色，最终整朵花过早枯萎，如图 1 - 71 所示，一般感染后 2～3 d 就完全软塌。当环境适宜疾病发作时，下部枝条上的花先得病，随后不久整株的花朵均受害，仅有植株顶部少数花序不会受害，但顶部不受害的情况很少见。

受害的花朵干燥后黏附在植株上，与那些未受害的花朵相比，受害花朵黏附的时间更长。小而黑的菌核会在 6～8 周后形成，菌核起初在花瓣上表现为小而白的样子（图 1 - 72），随着菌核的成熟逐渐变成黑色。菌核为扁平状而不是凹形或碟形，宽 2～8 mm。每朵花一般形成 2～5 枚菌核，有时能形成 1～20 枚菌核，根据寄主的种类不同，菌核数量和大小会有所变化。菌核通常着生在花冠喉部较厚的位置，并被花冠覆盖（图 1 - 73、图 1 - 74）。随着时间推移，大部分花瓣落向地面；而仍有很多染病花瓣黏附在植株上，直到翌年春季花朵盛开。

葡萄孢属枯萎病（由灰葡萄孢引起）也能在杜鹃花花瓣和茎尖上发病。孢子在花瓣上萌发后也能引起类似的斑点，但不像卵孢核盘菌属花瓣枯萎病这样发病迅速。同时，葡萄孢属枯萎病不会出现黏滑感，春季晚霜也能给杜鹃花花朵造成冻害，但用手指搓花瓣时不会有黏滑感。

（二）病原体

卵孢核盘菌属花瓣枯萎病由 *Ovulinia azaleae* 引起。尽管这种疾病首次发现于 1931 年，但此真菌在 1940 年才被文字描述。*O. azalea* 是盘菌纲（Discomycete）柔膜菌目（Helotiales）核盘菌科（Sclerotiniaceae）的一种真菌，丝孢菌是它的变形。

（三）流行病学

O. azalea 以菌核形式在花瓣、土壤表面和灌丛落叶层中越冬。当杜鹃花花期到来时，

菌核萌发并在 3～5 d 内长出带柄的杯状子囊盘，如图 1 - 75 所示。子囊盘为红棕色，由淡棕色至浅黄色的柄（长 3～10 mm）和末端的杯状物（直径 1.5～2.5 mm）组成。一个菌核一般只产生一个子囊盘，但偶尔也会多于一个。子囊盘含有延长子囊的栅栏细胞层，每个子囊包含 8 个单一、椭圆形的无色子囊孢子，子囊孢子以单列形式排列。如果有足够的外力推动，成熟的子囊孢子经过 2～3 d 就会从子囊盘中释放出来，它们会侵染子囊盘上方较矮的花朵或随风传播到邻近植株花朵上。

温度为 5～27 ℃ 时，子囊孢子可以通过萌发管萌发。不过，大部分感染发生在 10～22 ℃，最适合感染和疾病发展的温度大约为 18 ℃。花朵是否有机械伤口与是否染病没有联系。子囊孢子干燥保存于 5～10 ℃，一年后仍有活力；而在更高温度下，仅能维持活力4～5 周。孢子和菌核在冰点以下温度的活力需要更多研究来确定。

在初次感染、发展和花组织被分解后，穿过花的菌丝体上分生孢子梗会形成许多分生孢子，估计每朵花有超过 10 万个分生孢子。分生孢子（大小约为 35 μm×60 μm）为卵形，透明，在基部还有一个小的胞间连丝细胞，如图 1 - 76 所示。它们通过花瓣角质层，然后形成一层分生孢子层（图 1 - 77），随后通过雨水、昆虫和风来传播。尽管昆虫可作为一种传播媒介，但昆虫并不是主要传播者。新泽西州的试验表明，分生孢子的传播距离仅为 31～62 m。分生孢子能从多个点萌发，如图 1 - 78 所示。萌发管能形成附着胞和侵染菌丝，直接刺入开放的花朵中。每 3～4 d 将会形成新的分生孢子群体，主要通过飞溅的雨水迅速传播至邻近花朵。

在催花温室中，一旦出现卵孢核盘菌属花瓣枯萎病，并且温度、湿度较高，花瓣枯萎病就会迅速蔓延。在景观绿地中，分生孢子是病害二次传播的主要形式，只要外界环境适宜，疾病就能快速发展、蔓延。在不常存在子囊盘的地区，分生孢子不仅引起二次传播，也是初次病害的病源。染病的花朵在干燥、5～10 ℃ 的条件下可以维持活性超过一年。尽管在自然条件下，活性并不能维持那么久，而在实验室条件下，萌发中的菌核产生了分生孢子。

在分生孢子形成后、菌核形成的同时，单细胞的微分生孢子（不动精子）也能在精包中成串生成，也就是丝精座上的短菌丝。有些菌核能形成微小的刺，这些刺是微分生孢子的感受器官，如图 1 - 79 所示。

目前还没有关于卵孢核盘菌是否是异宗交配的结论，即是否需要不动精子和接受器官融合以完成核交换和有性过程。因此，需要更多的研究来揭示菌核、菌丝、不动精子和分生孢子在种植杜鹃花的全球范围内，对其越冬和整个真菌生命的作用。例如，在澳大利亚就未观察到菌核萌发，这可能是由于澳大利亚冬季温和。在温暖地区，如澳大利亚，全年开花不断这种情形使得花枯病没有一个主要发展期，而是全年都会发生；而在美国新泽西州杜鹃花园，在自然状态或是实验室控制状态，越冬菌核萌发时不形成子囊盘。

卵孢核盘菌属花瓣枯萎病在花朵潮湿时期发展，发病范围与周围环境湿度以及病原体自身潜能有关。在美国，早花、晚花品种能远离这种疾病带来的困扰。在利于疾病发展的条件下，染病花朵仅能够开放 2～3 d。此病病原体不会感染叶片和茎干。

当花期降水频繁、气温较暖时，发病的概率最高。早上深重的露水和较长时期的雾天都很适合孢子萌发并侵染花朵。温室栽培时，如果保持花朵干燥，降低空气湿度可以减少杜鹃花患病。一般来说，开花初期的低温和开花末期的干燥环境能降低卵孢核盘菌属孢子感染杜鹃花的发生概率。

种植者普遍认为大多数杜鹃花品种对卵孢核盘菌属花瓣枯萎病无抗性，在环境条件适宜病原体产生和感染时会患病。不过，不同杂交种系之间还是存在差异，此病最开始在名为'Belgian Indica'的踯躅杜鹃栽培群上报道。大花型的高山杜鹃一般都易染病，特别是在美国北部地区。一些种植者反映，久留米杜鹃（Kurume）抗性稍强。北部地区早花型的踯躅杜鹃和晚花型的美国原生种杜鹃则能远离这种疾病。不过，许多晚花种类杜鹃花上还是发现了菌核。一些花朵上并未出现花枯病的特征，不过菌核随后还是从菌丝上长出，这些菌丝未对花朵造成可见的伤害症状。而葡萄孢属枯萎病或干旱、昆虫带来的花损伤不会产生菌核。

当山月桂附近有患花枯病的杜鹃花，并且分生孢子和菌核都能产生时，山月桂很容易患花枯病。各种越橘属植物，如蓝莓（*Vaccinium corymbosum*）、*V. fuscatum*、*V. tenellum* 以及佳露果属植物如佳露果（*Gaylussacia baccata*）在实验条件下能患病，受害花朵上产生菌核。在自然状态下，这些植物附近如果有患病的杜鹃花，它们也可能被传染。其他杜鹃花科植物在人工接种病原体时没有患病。

（四）管理

对卵孢核盘菌属花瓣枯萎病首要的管理措施就是阻止菌核萌发，例如，向土壤表面喷洒各种杀菌剂以消灭越冬的菌核，从而阻止子囊盘形成；清理黏在叶片上的残花；增加有机覆盖物以掩埋菌核。虽然这些措施能有效减少菌核以及子囊盘的数量，但仍不足以控制疾病。

最好的管理方法是在花芽开放前喷药预防。全球范围内不同区域使用不同的药剂取得了不同的效果。一般来说，花期每隔1～3周施用代森锰锌、腈菌唑、丙环唑、甲基硫菌灵可以控制花枯病。而最有效的方法是当花苞显色时施用一次三唑酮（粉锈宁）。杀菌剂用量一定要合适，否则会对花朵产生毒害作用。购买质量合格的杀菌剂，依照指南来施用杀菌剂能够有助于杜鹃花免受此病危害。

大部分种植者使用有效的杀菌剂或混合杀菌剂取得了满意的效果，具体方法是从第一朵花开放开始至最后一朵花开放结束，每周喷药剂一次。虽然早期开放的花朵没有或很少患病，但这些花朵可能成为晚花品种的感染源。根据天气情况决定施药间隔有助于缓解病情，但不便于具体实施。假如开花后期的天气晴朗，就需要减少用药次数。正确实施用药计划，有些花园能保持无病状态。

确保不引入患病植株，减小疾病流行风险。实际操作中，清理患病残花这样的消毒措施能够有效清除感染源，有助于保持花园无病的状态。

温室中最佳的管理措施就是尽可能保持植株叶片干燥，增加通风，避免引入带病植株以及正确施用杀菌剂等。

（编写：J. L. Peterson；核校：D. M. Benson）

十四、白粉病

杜鹃花白粉病在全球均有发生。在以喷灌为灌溉方式的露天商业性生产中，白粉病一般不是很严重的疾病，但在有利环境下（如催花栽培、温室），白粉病发病极其严重。而在景观绿地中，杜鹃花品种抗病性差异较大。

（一）症状

白粉病常常会导致叶色改变，叶表面有斑点，呈失绿至棕紫色，或出现坏疽。斑点在叶片背面可能有对应症状，也可能没有。并不是所有的病例都会存在病原体特征，即存在白色或透明的菌丝、分生孢子和孢子，但大多数病例会在患病处有病原体特征，如图 1-80、图 1-81 所示。仔细观察茎、叶、花初期的生长，就能或多或少看见这些特征。随着组织成熟，症状也越明显。

常绿高山杜鹃白粉病表现为叶片上表面有边界模糊的轻微失绿斑点（图 1-82）；而叶片背面为紫色至棕色的斑点且边界呈羽毛状，没有或少有病原体特征（图 1-83）。相反，落叶杜鹃较多出现白粉斑点或大白粉斑块，即清晰的病原体特征（图 1-84），有时出现扭曲、皱褶的叶片（图 1-85）。不同种或品种间的病症变化相当大。例如，'Unique' 患白粉病后，其叶片上表面为轻微失绿，叶片背面为棕色斑点；'Virginia Richards' 叶片正反两面均为紫色斑点；'Purple Splendor' 叶片正反两面都长出白粉。

（二）病原体

子囊菌门（Ascomycota）白粉菌目（Erysiphales）的 8 种不同真菌能让杜鹃花属植物患白粉病。但这些报道所采用的分类标准已经过时，限制了这一成果的使用，某些案例中的病原体也无法确定种类。如 *Microsphaera penicillata* 一度广为报道存在于杜鹃花上，但现在此菌被描述为不存在于杜鹃花属植物中。此外，目前也不清楚是哪个侵染杜鹃花的真菌在之前被描述为 *M. penicillata*。

现在，以下真菌被认为能引起杜鹃花属植物白粉病：*Erysiphe azaleae*、*E. digitata*、*E. izuensis*、*E. rhododendri*、*E. vaccinii*、*Oidium ericinum*、棒球针壳（*Phyllactinia guttata*）、*P. rhododendri*。除了棒球针壳以外，其他真菌都只在杜鹃花科植物上发病。

棒球针壳有许多寄主，这个名称所指代的菌种可能有多个，这些菌种之间寄主不同。一般而言，球针壳属（*Phyllactinia*）真菌在叶片组织中产生的菌丝明显少于白粉菌属（*Erysiphe*）真菌。

O. ericinum 很有可能是其他种类的无性型，因为不存在子囊果时，无性阶段定名为粉孢属（*Oidium*）。

在西半球，*E. azaleae*、*E. digitata* 和 *E. vaccinii* 为最常见、广泛分布的种类，可以通过子囊果附属物形态不同而区分它们，但它们的无性型非常相似很难区分。附属物形态上的不同似乎是基于寄主的变化，它们的无性型又与 *O. ericinum* 类似，将来这些种类可能会基于无性型而合并。

（三）流行病学

白粉病真菌（起源于子囊孢子或分生孢子）在杜鹃花体表生长仅穿入表皮细胞中形成吸器。子囊孢子为椭圆形至圆柱形 $[(10\sim20)\mu m\times(23\sim50)\mu m]$，在竖直的分生孢子梗（$18\sim70\ \mu m$）上接着 $1\sim3$ 个短细胞而生，*E. azaleae* 呈单个出现，*E. digitata* 呈串出现，如图 1-86 所示。

当两种不同类型菌丝融合，秋季形成闭囊壳（子囊果），它们在患病组织上呈现出小而棕或黑色小斑点（图 1-87）。闭囊壳呈球形，直径为 70～150 μm，具有透明的等分附属物（*E. azaleae*、*E. vaccinii*）或透明的副等分附属物（*E. digitata*），有时候也会有颜色（*E. digitata* 浅棕色，*E. azaleae* 基部浅棕色），附属物弯曲（*E. digitata*、*E. vaccinii*）或短直（*E. azaleae*）。闭囊壳具有薄壁、2～8 个子囊。每个子囊含有 3～8 个子囊孢子 [（10～15)μm×(14～28)μm]。

目前还不清楚引起白粉病的各种病原体的确切生活周期形式，不过在大部分区域，病原体同时有有性和无性两种生殖方式。杜鹃花属植物白粉病同其他植物白粉病具有一些共同特征。这些专性病原体最活跃的感染时期、生长时期和产生孢子时期同寄主活跃生长期一致。冬季温和地区，它们在常绿植物上以菌丝形式越冬，而其他情况下以闭囊壳形式越冬。闭囊壳主要存在于植物周围土壤和植物残骸中，也存在于树皮裂缝、残骸和茎上。目前，子囊孢子的侵染条件还尚未得知，但可能与其他白粉病的发病条件类似，即在春季新枝发育时发病，此时空气湿润，日平均温度达到 5℃。

当小气候环境湿度上升时，叶背面会首先被真菌侵染。孢子能在 5～30℃的范围内萌发，但植物组织只有在 20℃及以上才能快速产生抗性。高湿、寡照非常有利于真菌侵染，在这种情况下，潜伏期为 10～12 d。疾病可以通过气流、节肢动物携带的孢子传染。其他杜鹃花科植物也可能是潜在发病对象和病源。

（四）管理

对白粉病最有效的管理措施就是选择栽培抗性品种。抗性最强的品种包括屋久岛杜鹃（*R. degronianum* subsp. *yakushimanum*），*R. ablbiflorum*，*R. macrophyllum*。而由朱砂杜鹃（*R. cinnabarinum*）、弯果杜鹃（*R. campylocarpum*）等其他落叶杜鹃花培育出的杂交杜鹃花则很容易患病。

可采取以下栽培方式达到较好的管理，特别是在景观绿地中应避免过多灌水、过多施肥，正确修剪，采用合理的种植密度。此外，林荫郁闭度直接影响白粉病发病程度，因此通过开林窗增加空气流动能显著减少疾病发生。移除地表落叶和植株上的病叶可以减少越冬病原体数量，但修剪叶片后会使植株秃裸时应避免修剪。

很多杀菌剂能有效控制杜鹃花和其他植物白粉病，而白粉病病情发展也能被其他药剂延缓，如园艺性矿物油和植物油、肥皂、含铜制剂、磷酸盐、碳酸氢盐。如果前几年发生过白粉病或近期刚刚发生白粉病，则应该在枝条生长期间使用杀菌剂。杀菌剂无法根除真菌感染，而在环境条件有利于真菌侵染且枝条柔嫩多汁时，需每 10～14 d 喷药 1 次。为了避免真菌产生抗性，笔者在表 3-1 中推荐的药剂（FRAC code）在每个季度内仅能使用 2～3 次，而使用混合药剂能降低真菌产生耐药性的概率。

（编写：W. F. Mahaffee and D. Glawe）

十五、叶斑病

（一）葡萄孢属枯萎病

杜鹃花叶片受到机械损伤或环境压力后感染灰葡萄孢 *Botrytis cinerea*（半知菌门），

从而引起葡萄孢属枯萎病，也被称为灰霉病。真菌侵染后，分生孢子萌发和增殖必须在足够潮湿的环境下进行。灰葡萄孢通常被认为是次级寄生物，不过它能对杜鹃花的叶片和花朵造成严重损害，如图 1-88、图 1-89 所示。

灰葡萄孢在杜鹃花叶片上造成的病症为深浅色交替叶斑，类似于靶环型（图 1-88）。在湿润条件下，真菌在染病部位产生大量的分生孢子，这些分生孢子可以通过气流、水传播到其他易染病的部位。有时灰葡萄孢也能在扦插枝条中产生菌核，菌核萌发产生分生孢子（图 1-90）。

除了繁殖生产的植株，一般很少采用管理策略。在剪插穗前，使用杀菌剂处理母本或选择无病植株作母本以降低患病概率。目前，在花卉栽培中已发现对二甲酰亚胺类药物有耐药性的葡萄孢属真菌群体。

（二）灰疫病和拟盘多毛孢属叶斑病

拟盘多毛孢属（*Pestalotiopsis*）真菌常被认为是杜鹃花上的腐生菌或弱致病菌。叶片受冬季冻害、日灼或其他机械损伤后易被拟盘多毛孢属真菌入侵，并造成大于原损伤的损害。

灰疫病是由 *P. sydowiana*（syn. *Pestalotia sydowiana*）［子囊菌门（Ascomycota）炭角菌目（Xylariales）］引起。其特征为浅色斑带有棕色边缘，如图 1-91 所示。斑点随后扩大融合并带有银灰色光泽，病情严重时引起落叶。在叶片患病部位随机产生分生孢子盘，即小的黑色脓疱、芽孢。

拟盘多毛孢属叶斑病的病原体最开始被描述为杜鹃花盘多毛孢（*Pestalotia rhododendri*），随后为 *Pestalotiopsis rhododendri*，但是拟盘多毛孢属的系统分类还未确定，*P. sydowiana*、*P. rhododendri* 可能指代同一个物种。患病叶片会产生大而无规则的坏疽，分生孢子盘为黑色小点。

两个物种的分生孢子都是 5 个细胞，中间细胞为黑色，两端细胞为橄榄绿或透明，如图 1-92 所示。如同原始描述那样，*P. sydowiana*（25～31 μm）稍长于 *P. rhododendri*（21～27 μm）。两个种的顶端细胞通常有 3 根刚毛（2～4 根），长度为 17～40 μm。

尽管这些真菌偶尔在景观绿地和地栽中引起麻烦，不过麻烦还不算大。通过避免环境压力，如干热等，可以减少病情伤害。

（三）叶焦病

叶焦病是由 *Phloeospora azaleae*（syn. *Septoria azaleae*）［子囊菌门（Ascomycota）煤炱目（Capnodiales）］引起，在美国温室和露天地栽踯躅杜鹃中普遍发生。初始症状为黄色斑点，随后斑点中心变棕褐色，边缘呈红色至紫色。掉落的染病叶片上的分生孢子器形成分生孢子，分生孢子透明、有隔，伸长呈丝状，末端尖锐。病情严重时导致叶片早落，使得植物活力下降。

分生孢子的萌发和侵染都必须依靠水，所以温室种植时，保持叶片干燥就能避免此病发生；而景观绿地和露天栽培时就需要使用杀菌剂。真菌在落叶中越冬，因此落叶需要被清除或覆盖厚的有机覆盖物，以中断分生孢子传播，起到减少感染的作用。使用抗性品种也是有效的管理方式，不同踯躅杜鹃对 *P. azaleae* 的抗性有显著差异。

（四）炭疽病

杜鹃花炭疽病由围小丛壳菌（*Glomerella cingulata*）［子囊菌门（Ascomycota）］以及它的分生孢子、胶孢炭疽菌（*Colletotrichum gloeosporioides*）［半知菌门（Deuteromycota）黑盘孢科（Melanconiaceae）无性真菌］引起，它们能使皋月杜鹃和久留米杜鹃杂交栽培群、*R. viscosum* 产生叶斑和落叶。炭疽病能对盆栽踯躅杜鹃造成严重损失，特别是久雨初晴后的夏天。在意大利精选的久留米杜鹃和皋月杜鹃杂交栽培群中，暴发了严重的炭疽病，病原体为 *C. acutatum*。

由 *C. gloeosporioides* 引起的炭疽病表现为众多细小（直径 0.5~3.0 mm）、橄榄色至锈棕色的斑点，斑点在幼叶上下表面均有（图 1-93）。而在高山杜鹃成熟老叶上，斑点更大但数量少（图 1-94）。真菌侵染叶片表皮细胞，只有在叶片凋落、保持湿润 24~48 h 才会产生子实体，进而产生分生孢子。这些孢子形态同茶花上形成的孢子很像。

在意大利，感染 *C. acutatum* 的踯躅杜鹃表现为不规则、小的（直径 1 mm）黑斑，并表现出叶边缘枯萎症状，由枝条基部逐渐向上落叶。此外，久留米杜鹃和皋月杜鹃杂交栽培群受此影响还产生长而棕色的溃疡。

从海棠中分离的炭疽菌属真菌接种到踯躅杜鹃上时，杜鹃花产生了炭疽病的典型症状；而杜鹃花上分离的菌株接种到苹果上时，苹果产生了苦腐病。山茶上分离的菌株并不总是使杜鹃花发病，同时从杜鹃花上分离的菌株也不会使所有杜鹃花品种发病。这些情况意味着 *C. gloeosporioides* 存在生物族。

炭疽病的管理措施为从晚春至夏末施用杀菌剂。若可行，及时清除落叶。这样做有利于减少病原体。仅有少量久留米杜鹃和皋月杜鹃杂交品种易患 *C. acutatum* 引起的炭疽病。

（五）尾孢属叶斑病

黑海杜鹃受 *Cercospora handelii*［半知菌门（Deuteromycota）暗色孢科（Dematiaceoae）无性真菌］侵染，形成暗棕色、角状斑点（图 1-95）。随后伴随着叶片失绿以及叶片早落，叶片上表面斑点的中心会形成浅灰色的软毛，这是由分生孢子产物引起的。杜鹃花杂交品种会出现相似的斑点，但斑点中心为银白色，这是由叶片上表皮开裂所致。对于小苗下部叶片危害最严重，当植株密度大时发病更盛。

尾孢属真菌侵染踯躅杜鹃'Exbury'引起了叶斑病，特征为红棕色，直径为 0.5 cm，形状为半球形至圆形，带有模糊的靶心式样或环状图案。

尾孢属叶斑可以通过施用杀菌剂、扩大植株间距以及减少叶表面积水分来管理。

（六）叶点霉属叶斑病

已知有多种叶点霉属（*Phyllosticta*）真菌能引起杜鹃花叶斑，*P. cunninghamiae*［半知菌门（Deuteromycota）球壳孢菌科（Sphaeropsidaceae）无性真菌］能使高山杜鹃致病，而 *P. rhododendri* 在北美洲原产和栽培踯躅杜鹃上均有报道。此外，还有其他种类的叶点霉属真菌。叶点霉属真菌通常在叶边或叶尖部位引起斑点，颜色为深棕色并带有环状斑纹，斑点迅速扩大覆盖叶片一半面积。叶片上表面因存在分生孢子器而有些粗糙。

不同地区不同季节，叶点霉属叶斑病的严重程度有很大变化。合理采用杀菌剂就能达到良好的管理效果。

（编写：A. K. Hagan）

十六、锈病

杜鹃花属由超过 1 000 个物种组成，属下还划分为亚属、组以及亚组。侵染杜鹃花属的锈病真菌可能也具有相似的多样性。在过去 10 年间，新的锈病真菌属和种都有被发表，如 *Diaphanopellis forrestii*。全球范围内，绝大多数杜鹃花锈病是由金锈菌属（*Chrysomyxa*）真菌［担子菌门（Basidiomycota）锈菌目（Uredinales）］引起的，它们在云杉属植物上，形成性孢子器、锈子器，而在杜鹃花属植物上形成夏孢子堆、冬孢子堆和担子。有一些金锈菌属真菌是短世代型的，在云杉上仅形成冬孢子堆和担子。冬孢子和锈孢子对寄主损害都不小，它们削弱光合作用、阻碍寄主生长。

本书第一版（1986 版）中，Roane 认为美国西北部和加利福尼亚州北部沿海地区的大多数锈病是由云杉金锈菌的亚种（*C. ledi* var. *rhododendri*）引起的。人们认为 20 世纪50 年代，此菌传入华盛顿州。不过，这一观点并未得到后续研究结果的支持；相反，在美国西部栽培杜鹃花的锈病是由 *C. reticulata* 引起的，这是一种美国原产的真菌，由杜香属植物传播到苗圃中。

讽刺的是，杜鹃花属植物锈病病原体 *C. reticulata* 是通过染病栽培杜鹃花由北美洲传播到全球的。栽培杜鹃花中暂未发现 *C. reticulata* 的冬孢子堆，而在杜香属植物中发现冬孢子堆。P. E. Crane 成功地利用 *C. reticulata* 冬孢子给白云杉 *Picea glauca* 接种。

除了 *C. reticulata*，还有其他几种金锈菌诱发杜鹃花锈病。*C. nagodhii* 在多种栽培杜鹃花上被发现。在美国东南部，*C. roanensis* 真菌仅在酒红杜鹃上引起锈病。*C. piperiana* 在其原生境北美洲西北部使 *R. macrophyllum* 致病。

不过，美国农业部植物数据库显示，原产美国的 30 种杜鹃花最常见的锈病真菌是 *Thekopsora minima*（syn. *Pucciniastrum minimum*）。该真菌能在铁杉上形成性孢子器和锈孢子，在美国东北部原产踯躅杜鹃上形成夏孢子堆、冬孢子堆、担子。*T. minima* 的寄主范围包括 *R. canadense*、*R. canescens*、黄花杜鹃（*R. lutescens*）、黑海杜鹃、*R. prunifolium*、*R. viscosum*、*R. ×grandavense*。美国农业研究中心真菌学和微生物学系实验室（Systematic Mycology and Microbiology Laboratory，SMML）认为，以下北美洲原产的杜鹃花易感染 *T. minima*，即 *R. alabamense*、*R. arborescens*、*R. atalanticum*、*R. austrinum*、*R. calendulaceum*、*R. flammeum*、*R. oblongifolium*、*R. prinophyllum*。

以下美国原产杜鹃花从未发现过锈病真菌 *R. abiflorum*、*R. ×bakeri*（canescens×flammeum）、*R. chapmanii*、*R. cumberlandense*、*R. eastmanii*、*R. × pennsylvanicum*（atlanticum×periclymenoides）、*R. vaseyi*。最后，有一些非北美洲的杜鹃花物种在引入地也发生了锈病，SMML 曾记录有原产于欧洲阿尔卑斯山、比利牛斯山和亚平宁山脉的锈色杜鹃（*R. ferrugineum*），原产于北美洲太平洋沿岸的 *R. macrophyllum* 以及原产于欧洲南部与西亚的黑海杜鹃。

（一）症状

杜鹃花锈病通常不会造成严重损伤。不过，有一些种类或品种的情况会比较严重。所有锈病的特征为在叶片背面的脓包中产生金色或带棕色的孢子块，如图 1 - 96 所示。发病初期，淡黄色或黄绿色的斑点出现在叶片上表面，叶片背面与之对应的部分则产生棕色或紫色的斑点。叶片背面这些区域逐渐形成泡，之后破裂长出黄色至橘红色脓包，脓包内部含有夏孢子，如图 1 - 97 和图 1 - 98 所示。随着时间的推移，脓包又会形成暗棕色的冬孢子。

对于易染病的踯躅杜鹃品种，下部叶片叶表面可以被孢子块完全覆盖，病情严重时会导致落叶。其他真菌也会从锈病患病处乘虚而入，从而造成各种各样的叶斑疾病。

（二）病原体

锈病真菌为专性寄生生物，而引起杜鹃花锈病的真菌为转主寄生生物，即需要在两个不同寄主间转移才能完成其生命周期。其整个生命周期分为 5 个阶段，在杜鹃花上主要为夏孢子堆阶段。

金锈菌属冬孢子堆呈现凝胶状或蜡状，从寄主表皮中长出。冬孢子为单细胞，表面光滑，成串而生。大部分或全部金锈菌属真菌，其夏孢子堆被不起眼的子壳包裹，这些子壳由一层或多层拟薄壁组织细胞组成。夏孢子由基部连续产生，与中间细胞间隔组成长链。一个给定物种的锈孢子和夏孢子都有相似的外饰，一般是环状疣，但是 *C. nagodhii* 夏孢子的外表几乎是光滑的。冬孢子可以鉴定的特征不多，而不同的转主寄生物种的夏孢子大小相似，因此难以确定物种。

T. minima 的夏孢子堆着生于叶背面，馒头形，在叶斑上聚集或散布。夏孢子堆会隆起并从中部破裂，具有带小孔的厚壁。夏孢子为黄色至橙色，椭圆形，具小刺，长×宽为 $(18\sim32)\,\mu m \times (20\sim24)\,\mu m$。冬孢子形成于表皮内，由 2～8 个细胞组成［长×宽为 $(18\sim32)\,\mu m \times (20\sim35)\,\mu m$］，侧向附着于植物上。每个靠近细胞交界处的细胞都有萌芽孔。

（三）流行病学

锈病通常出现在夏末和秋季。由金锈菌属真菌引起的锈病通常在上一年萌发的叶片上发病。它们以休眠菌丝的形式在叶片中越冬，并于早春生成冬孢子堆。冬孢子堆不经过休眠萌发产生担孢子，这些担孢子侵染松柏类植物。

长世代周期锈病的典型生命周期，如图 1 - 99 所示。锈病性孢子器和锈孢子器阶段的寄主为云杉和铁杉。夏季和秋季锈孢子从当年松针上转移到杜鹃花上，而杜鹃花当年的叶片被侵染但可能不会产生夏孢子堆，直到翌年春季。夏孢子可以侵染健康的杜鹃花叶片，这使得锈病可以不靠其他形式也能够维持族群的繁荣。

在适宜病情发展的环境中，夏孢子只要落到易染病的寄主组织上就可以在全年引起感染。这些孢子可以在空气中存活并快速在植物间传播。它们接触到合适的寄主后，若环境条件温度为 15～20 ℃，空气相对湿度较高，低光照（538～807 lx）条件下，它们将在几个小时内萌发；而在高温高湿下，孢子生存时间将缩短。

（四）管理

好的清洁习惯，如清除和销毁所有染病的叶片，能够促进易染病品种小苗的病害管理。在具有良好日照的盆栽景观绿地中，杜鹃花不会持续保持湿漉漉和沾有露水的状态，这种情况下不利于锈病的发展。

在美国环境保护中心（Environmental Protction Agency，EPA）注册的杀菌剂戊唑醇和氟酰胺，是专门用于处理杜鹃花锈病的药剂。此外，许多其他脱甲基抑制剂类（DMI）和甲氧基丙烯酸酯类药剂对锈病也有效。这些杀菌剂在春季和夏季每隔7～14 d施用一次可以保护萌发的新枝，使它们远离染病杜鹃花释放的夏孢子和松柏类植物释放的锈孢子。

报道显示，落叶踯躅杜鹃品种 'Balzac' 'Gibraltar' 'Red Letter' 是抗锈病的品种。

（编写：G. Newcombe and J. W. Pscheidt）

参 考 文 献[*]

Benson，D. M. 1984. Influence of pine bark，matric potential，and pH on sporangium production by *Phytophthora cinnamomi*. Phytopathology 74：1359 - 1363.

Benson，D. M. 1987. Residual activity of metalaxyl and population dynamics of *Phytophthora cinnamomi* in landscape beds of azalea. Plant Dis. 71：886 - 891.

Benson，D. M. 1990. Landscape survival of fungicide - treated azaleas inoculated with *Phytophthora cinnamomi*. Plant Dis. 74：635 - 637.

Benson，D. M.，and Blazich，F. A. 1989. Control of Phytophthora root rot of *Rhododendron chapmanii* A. Gray with Subdue. J. Environ. Hort. 7：73 - 75.

Benson，D. M.，and Cochran，F. D. 1980. Resistance of evergreen hybrid azaleas to root rot caused by *Phytophthora cinamomi*. Plant Dis. 64：214 - 215.

Benson，D. M.，and Parker，K. C. 2007. Efficacy of registered and unregistered fungicides for control of Phytophthora root rot of azalea，2006. Plant Dis. Manag. Rep. doi：10. 1094/PHP - 2011 - 0512 - 01 - RS.

Benson，D. M.，Shew，H. D.，and Jones，R. K. 1982. Effects of raised and ground - level beds and pine bark on survival of azalea and population dynamics of *Phytophthora cinnamomi*. Can. J. Plant. Pathol. 4：278 - 280.

Blaker，N. S.，and MacDonald，J. D. 1981. Predisposing effects of soil moisture extremes on the susceptibility of rhododendron to Phytophthora root and crown rot. Phytopathology 7l：831 - 834.

Bush，E. A.，Hong. C. X.，and Stromberg，E. L. 2003，Fluctuations of *Phytophthora and Pythium* spp. in components of a recycling irrigation system. Plant Dis. 87：1500 - 1506.

Englander，L.，Merlino，J. A.，and McGuire，J. J. 1980. Efficacy of two new systemic fungicides and ethazole for control of Phytophthora root rot of rhododendron，and spread of *Phytophthora cinnamomi* in propagation benches. Phytopathology 70：1175 - 1179.

Ferguson，A. J.，and Jeffers，S. N. 1999. Detecting multiple species of *Phytophthora* in container mixes from ornamental crop nurseries. Plant Dis. 83：1129 - 1136.

---

[*] 为便于读者检索，书中参考文献保留原版中的格式。下同。——编者注

Gerlach, W. W. P., Hoitink, H. A. J., and Schmitthenner, A. F. 1976. Survival and host range of *Phytophthora citrophthora* in Ohio nurseries. Phytopathology 66: 309 - 311.

Hoitink, H. A. J., and Schmitthenner, A. F. 1974a. Relative prevalence and virulence of *Phytoplhthora* species involved in rhododendron root rot. Phytopathology 64: 1371 - 1374.

Hoitink, H. A. J., and Schmitthenner, A. F. 1974b. Resistance of rhododendron species and hybrids to Phytophthora root rot. Plant Dis. Rep. 58: 650 - 653.

Hoitink, H. A. J., VanDoren, D. M., Jr., and Schmitthenner, A. F. 1977. Suppression of *Phytophthora cinnamomi* in a composted hardwood bark potting medium. Phytopathology 67: 561 - 565.

Linderman, R. G., and Zeitoun, F. 1977. *Phytophthora cinnamomi* causing root rot and wilt of nursery - grown native western azalea and salal. Plant Dis. Rep. 61: 1045 - 1048.

Ownley. B. H., and Benson, D. M. 1991. Relationship of matric water potential and air - filled porosity of container media to development of Phytophthora root rot of rhododendron. Phytopathology 81: 936 - 941.

Spencer, S., and Benson, D. M. 1982. Pine bark, hardwood bark compost, and peat amendment effects on development of *Phytophthora* spp. and lupine root rot. Phytopathology 72: 346 - 351.

Vegh, I., and Frossard, C. 1980. Study of some factors of variation of French *Phytophthora cinnamomi* strains as parasites of ornamental shrubs. Phytopathol. Z. 99: 101 - 104.

White, R. P. 1936. Summary of nine years' experience with rhododendron wilt. Plant Dis. Rep. 20: 204 - 207.

Anderson, J. B., Korhonen, K., and Ullrich, R. C. 1980. Relationships between European and North A-merican biological species of *Armillaria mellea*. Exp. Mycol. 4: 87 - 95.

Fisher, E. 1966. Some diseases affecting rhododendrons. Rhododendron 5 (3): 9 - 10.

Korhonen, K. 1978. Interfertility and clonal size in the *Armillaria mellea* complex. Karstenia 18: 31 - 42.

Miller, P. A. 1940. Notes on diseases of ornamental plants in southern California. Plant Dis. Rep. 24: 219 - 222.

Munnecke, D. E., Wilbur, W. D., and Kolbezen, M. J. 1970. Dosage response of *Armillaria mellea* to methyl bromide. Phytopathology 60: 992 - 993.

Raabe, R. D. 1967. Variation in pathogenicity and virulence in *Armillaria mellea*. Phytopathology 57: 73 - 75.

Raabe, R. D. 1979. Resistance or susceptibility of certain plants to *Armillaria mellea*. Univ. Calif. Div. Agric. Sci. Leaf. 2591.

Shaw, C. G., Ⅲ, and Kile, G. A. 1991. Armillaria Root Disease. U. S. Dep. Agric. For. Serv. Agric. Handb. 691.

Lyda, S. D. 1978. The ecology of *Phymatotrichum omnivorum*. Annu. Rev. Phytopathol. 16: 193 - 209.

Marek. S. M., Hansen, K., Romanish, M, and Thorn, R. G. 2009. Molecular systematics of the cotton root rot pathogen, *Phymatotrichopsis omnivora*. Persoonia 22: 63 - 74.

Alfieri, S. A., Langdon, K. R., Wehlburg, C., and Kimbrough, J. W. 1984. Index of Plant Diseases in Florida. Fla. Dep. Agric. Consumer Serv. Bull. 11.

Farr, D., Esteban, H. B., and Palm, M. E. 1996. Fungi on rhododendron: A world reference. Parkway Publishers. Boone, NC.

Goldberg, N. P., and Stanghellini, M. E. 1990. Ingestion-egestion and aerial transmission of *Pythium aphanidermatum* by shore flies (Ephydrinae: *Scatella stagnalis*). Phytopathology 80: 1244 - 1246.

Hendrix, F. F., and Campbell, W. A. 1966. Root rot organisms isolated from ornamental plants in Georgia. Plant Dis. Rep. 50: 393 - 395.

Ho, H. H. 1986. *Pythium dimorphum* from rhododendron. Mycopathologica 93: 141 - 145.

Hyder, N., Coffey, M. D., and Stanghellini, M. E. 2009. Viability of oomycete propagules following ingestion and excretion by fungus gnats, shore flies, and snails. Plant Dis. 93: 720 - 726.

Raabe, R. D. 1954. Diseases of rhododendrons and azaleas. Am. Rhododendron Soc. Q. Bull. 8 (2): 82 - 86.

White, R. P., and Hamilton, C. C. 1935. Diseases and insect pests of rhododendron and azalea. N. J. Agric. Exp. Stn. Circ. 350.

Alfieri, S. A., Langdon, K. R., Wehlburg, C., and Kimbrough, J. W. 1984. Index of Plant Diseases in Florida. Fla. Dep. Agric. Consumer Serv. Bull. 11.

Chase, A. R. 1991. Characterization of *Rhizoctonia* species isolated from ornamentals in Florida. Plant Dis. 75: 234 - 238.

Farr, D. F., Bills, G. F., Chamuris, G. P., and Rossman, A. Y. 1989. Fungi on Plants and Plant Products in the United States. American Phytopathological Society, St. Paul, MN.

Jones, R. K., and Benson, D. M. 2001. Diseases of Woody Ornamentals and Trees in Nurseries. American Phytopathological Society, St. Paul, MN.

Masuhara, G., Neate, S. M., and Schisler, D. A. 1994. Characteristics of *Rhizoctonia* spp. from south Australian plant nurseries. Mycol. Res. 98: 83 - 87.

Raabe, R. D. 1954. Diseases of rhododendrons and azaleas. Am. Rhododendron Soc. Q. Bull. 8 (2): 82 - 86.

White, R. P, and Hamilton, C. C. 1935. Diseases and insect pests of rhododendron and azalea. N. J. Agric. Exp. Stn. Circ. 350.

Benson, D. M., and Jones, R. K. 2001. Rhizoctonia web blight. Pages63 - 64 in: Diseases of Woody Ornamentals and Trees in Nurseries. R. K. Jones and D. M. Benson, eds. American Phytopathological Society, St. Paul, MN.

Carling, D. E. 1996. Genetics of *Rhizoctonia* species. Pages 37 - 47 in: *Rhizoctonia* Species Taxonomy, Molecular Biology, Ecology, Pathology and Disease Control. B. Sneh, S. Jabaji - Hare, S. Neate, and G. Dijst, eds. Kluwer Academic, Dordrecht, the Netherlands.

Copes, W. E., and Blythe, E. K. 2009. Chemical and hot water treatments to control *Rhizoctonia* AG P infesting stem cuttings of azalea. HortScience 44: 1370 - 1376.

Copes, W. E., and Blythe, E. K. 2011. Rooting response of azalea cultivars to hot water treatment used for pathogen control. HortScience 46: 52 - 56.

Copes, W. E., and Scherm, H. 2010. Rhizoctonia web blight development on container - grown azalea in relation to time and environmental factors. Plant Dis. 94: 891 - 897.

Copes, W. E., Rodriguez - Carres, M., Toda, T., Rinehart, T. A., and Cubeta, M. A. 2011. Seasonal prevalence of species of binucleate *Rhizoctonia* fungi in growing medium, leaf litter, and stems of container - grown azalea. Plant Dis. 95: 705 - 711.

Frisina, T. A., and Benson, D. M. 1987. Characterization and pathogenicity of binucleate *Rhizoctonia* spp. from azalea and other woody ornamental plants with web - blight. Plant Dis. 71: 977 - 981.

Frisina, T. A., and Benson, D. M. 1988. Sensitivity of binucleate *Rhizoctonia* spp. and *R. solani* to selected fungicides in vitro and on azalea under greenhouse conditions. Plant Dis. 72: 303 - 306.

Frisina, T. A., and Benson, D. M. 1989. Occurrence of binucleate *Rhizoctonia* spp. on azalea and spatial analysis of web blight in container - grown nursery stock. Plant Dis. 73: 249 - 254.

Herr, L. J. 1979. Practical nuclear staining procedures for Rhizoctonialike fungi. Phytopathology 69: 958 - 961.

Lambe, R. C. , Smith, D. , and Pinnell, C. 1984. A comparison of foliar disease control prevention on selected woody ornamentals with chlorothalonil applied either fungigation or ground spray. Proc. South. Nursery Assoc. Res. Conf. 29: 167 – 168.

Parmeter, J. R. , Jr. , Sherwood, R. T. , and Platt, W. D. 1969. Anastomosis grouping among isolates of *Thanatephorus cucumeris*. Phytopathology 59: 1270 – 1278.

Weber. G. F. , and Roberts, D. A. 1951. Silky threadblight of *Elaeagnus pungens* caused by *Rhizoctonia ramicola* n. sp. Phytopathology 41: 615 – 621.

Wehlburg, C. , and Cox, R. S. 1966. Rhizoctonia leaf blight of azalea. Plant Dis. Rep. 50: 354 – 355.

Anonymous. 1929. Diseases of trees and shrubs: Specimens received. Plant Dis. Rep. 13: 44 – 45.

Daughtrey, M. L. , and Benson, D. M. 2001. Rhododendron diseases. Pages 334 – 341 in: Diseases of Woody Ornamentals and Trees in Nurseries. R. K. Jones and D. M. Benson, eds. American Phytopathological Society, St. Paul, MN.

Schoeneweiss, D. F. 1981. The role of environmental stress in diseases of woody plants. Plant Dis. 65: 308 – 314.

Schreiber, L. P. 1964. Stem canker and dieback of rhododendron caused by *Botryosphaeria ribis* Gross. &. Dug. Plant Dis. Rep. 48: 207 – 210.

Slippers, B. , Crous, P. W. , Denman, S. , Coutinho, T. A. , Wingfield, B. D. , and Wingfield, M. J. 2004. Combined multiple gene genealogies and phenotypic characters differentiate several species previously identified as *Botryosphaeria dothidea*. Mycologia 96: 83 – 101.

Wright, A. F. , and Harmon, P. F. 2010. Identification of species in the Botryosphaeriaceae family causing stem blight on Southern high – bush blueberry in Florida. Plant Dis. 94: 966 – 971.

Benson, D. M. , and Williams – Woodward, J. L. 2001. Azalea diseases. Pages 81 – 88 in: Diseases of Woody Ornamentals and Trees in Nurseries. R. K. Jones and D. M. Benson, eds. American Phytopathological Society, St. Paul, MN.

Lambe, R. C. , and Wills, W. W. 1982. Plant diseases: Azalea disorders. Am. Nurseryman 155: 77 – 85.

Miller, S. B. , and Baxter, L. W. , Jr. 1970. Dieback in azaleas caused by *Phomopsis* species. Phytopathology 60: 387 – 388.

Morton, H. L. 1984. Fungicide activity and cultivar reaction for Phomopsis canker on Russian – olive. (Abstr.) Phytopathology 74: 822.

Rossman, A. Y. , Farr, D. F. , and Castlebury, L. A. 2007. A review of the phylogeny and biology of the Diaporthales. Mycoscience 48: 135 – 144.

Benson, D. M. 1980. Chemical control of rhododendron dieback caused by *Phytophthora heveae*. Plant Dis. 64: 684 – 686.

Benson, D. M. , and Jones, R. K. 1980. Etiology of rhododendron dieback caused by four species of *Phytophthora*. Plant Dis. 64: 687 – 691.

Blomquist, C. , Irving, T. , Osterbauer, N. , and Reeser, P. 2005. *Phytophthora hibernalis*: A new pathogen on *Rhododendron* and evidence of cross amplification with two PCR detection assays for *Phytophthora ramorum*. Plant Health Progress. doi: 10. 1094/PHP – 2005 – 0728 – 01 – HN.

Brasier, C. M. , Beales, P. A. , Kirk, S. A. , Denman, S. , and Rose, J. 2005. *Phytophthora kernoviae* sp. nov. , an invasive pathogen causing bleeding stem lesions on forest trees and foliar necrosis of ornamentals in the UK. Mycol. Res. 109: 853 – 859.

De Dobbelaere, I. , Heungens, K. , and Maes, M. 2006. Susceptibility levels of *Rhododendron* species and hybrids to *Phytophthora ramorum*. Pages 79 – 81 in: Proceedings of the Sudden Oak Death Second

Science Symposium: The State of Our Knowledge. S. J. Frankel, P. J. Shea, and M. I. Haverty, tech. coords. Gen. Tech. Rep. PSW - GTR - 196. Albany, CA: U. S. Department of Agriculture, Forest Service, Pacific Southwest Research Station.

Donahoo, R., Blomquist, C. L., Thomas, S. L., Moulton, J. K., Cooke, D. E. L., and Lamour, K. H. 2006. *Phytophthora foliorum* sp. nov., a new species causing leaf blight of azalea. Mycol. Res. 110: 1309 - 1322.

Gerlach, W. W. P., Hoitink, H. A. J., and Ellett, C, W. 1974. Shoot blight and stem dieback of *Pieris japonica* caused by *Phytophthora citricola*, *P. citrophthora* and *Botryosphaeria dothidea*. Phytopathology 64: 1368 - 1370.

Hansen, E. M., Reeser, P. W., Davidson, J. M., Garbelotto, M., lvors, K., Douhan, L., and Rizzo, D. M. 2003. *Phytophthora nemorosa*, a new species causing cankers and leaf blight of forest trees in California and Oregon, U. S. A. Mycotaxon 88: 129 - 138.

Heungens, K., De Dobbelaere, I., and Maes, M. 2006. Fungicide control of *Phytophthora ramorum* on rhododendron. Pages 241 - 257 in: Proceedings of the Sudden Oak Death Second Science Symposium: The State of Our Knowledge. S. J. Frankel, P. J. Shea, and M. I. Haverty, tech. coords. Gen. Tech. Rep. PSW - GTR - 196. Albany, CA: U. S. Department of Agriculture, Forest Service, Pacific Southwest Research Station.

Hoitink, H. A. J., Daft. G., and Gerlach, W. W. P. 1975. Phytophthora shoot blight and stem dieback of azalea and pieris and its control. Plant Dis. Rep. 59: 235 - 237.

Hoitink, H. A. J., Watson, M. E., and Faber, W. R. 1986. Effect of nitrogen concentration in juvenile foliage of rhododendron on Phytophthora dieback severity. Plant Dis. 70: 292 - 294.

Hong, C. X., Gallegly, M. E., Richardson, P. A., Kong, P., Moorman, G. W., Lea - Cox, J. D., and Ross, D. S. 2010. *Phytophthora hydropathica*, a new pathogen identified from irrigation water, *Rhododendron catawbiense* and *Kalmia latifolia*. Plant Pathol. 59: 913 - 921.

Hong, C. X., Richardson, P. A., Kong, P, Jeffers, S. N., and Oak, S. W. 2006. *Phytophthora tropicalis* isolated from diseased leaves of *Pieris japonica* and *Rhododendron catawbiense* and found in irrigation water and soil in Virginia. Plant Dis. 90: 525.

Jung, T., and Burgess, T. I. 2009. Re - evaluation of *Phytophthora cirtricola* isolates from multiple woody hosts in Europe and North America reveals a new species, *Phytophthora plurivora* sp. nov. Persoonia 22: 95 - 110.

Krober, H. 1959. *Phytophthora cactorum* (Leb. et Cohn) Schroet. var. *applanta* Chest. als Erreger einer Zweigkrankheit on Rhododendron. (In German.) Phytopathol. Z. 36: 381 - 393.

Kuske, C. R., and Benson, D. M. 1983. Overwintering and survival of *Phytophthora parasitica*, causing dieback of rhododendron. Phytopathology 73: 1192 - 1196.

Kuske, C. R., and Benson, D. M. 1983. Survival and splash dispersal of *Phytophthora parasitica*, causing dieback of rhododendron. Phytopathology 73: 1188 - 1191.

Kuske. C. R., Benson, D. M., and Jones, R. K. 1983. A gravel container base for control of Phytophthora dieback in rhododendron nurseries. Plant Dis. 67: 1112 - 1113.

Linderman, R. G., and Davis, E. A. 2006. Evaluation of chemical and biological agents for control of *Phytophthora* species on intact plants or detached rhododendron leaves. Pages 265 - 268 in: Proceedings of the Sudden Oak Death Second Science Symposium: The State of Our Knowledge. S. J. Frankel, P. J. Shea, and M. I. Haverty, tech. coords. Gen. Tech. Rep. PSW - GTR - 196. Albany, CA: U. S. Department of Agriculture, Forest Service, Pacific Southwest Research Station.

Osterbauer, N. K., Griesbach, J. A., and Hedberg, J. 2004. Surveying for and eradicating *Phytophthora ramorum* in agricultural commodities. Plant Health Progress. doi: 10.1094/PHP - 2004 - 0309 - 02 - RS.

Schwingle, B. W., Smith, J. A., and Blanchette, R. A. 2007. *Phytophthora* species associated with diseased woody ornamentals in Minnesota nurseries. Plant Dis. 91: 97 - 102.

Testa. A., Schilb, M., Lehman, J. S., Cristinzio, G., and Bonello, P. 2005. First report of *Phytophthora insolita* and *P. inflata* on *Rhododendron* in Ohio. Plant Dis. 89: 1128.

Tjösvold, S. A., Chambers, D. L., and Koike, S. 2006. Evaluation of fungicides for the control of *Phytophthora ramorum* infecting *Rhododendron*, *Camellia*, *Viburnum* and *Pieris*. Pages 269 - 271 in: Proceedings of the Sudden Oak Death Second Science Symposium: The State of Our Knowledge. S. J. Frankel, P. J. Shea, and M. I. Haverty, tech. coords. Gen. Tech. Rep. PSW - GTR - 196. Albany, CA: U. S. Department of Agriculture, Forest Service, Pacific Southwest Research Station.

Warfield, C. Y., Hwang, J., and Benson, D. M. 2008. Phytophthora blight and dieback in North Carolina nurseries during a 2003 survey. Plant Dis. 92: 474 - 481.

Waterhouse, G. M., and Waterston, J. M. 1964. *Phytophthora syringae*. Descriptions of Pathogenic Fungi and Bacteria, no. 32. C. A. B. International Mycological Institute, Kew, England.

Weiss, F. 1943. Rhododendron dieback and canker. Plant Dis. Rep. 27: 254.

Werres, S., Marwitz, R., Man in't Veld, W. A., de Cock, A. W. A. M., Bonants, P. J. M., de Weerdt, M., Themann, K., Ilieva, E., and Baayen, R. P. 2001. *Phytophthora ramorum* sp. nov., a new pathogen on *Rhododendron* and *Viburnum*. Mycol. Res. 105: 1155 - 1165.

Widmer, T. L. 2010. Differentiating *Phytophthora ramorum* and *P. kernoviae* from other species isolated from foliage of rhododendrons. Plant Health Progress. doi: 10.1094/PHP - 2010 - 0317 - 01 - RS.

Yakabe, L. E., Blomquist, C. L., Thomas, S. L., and MacDonald, J. D. 2009. Identification and frequency of *Phytophthora* species associated with foliar diseases in California ornamental nurseries. Plant Dis. 93: 883 - 890.

Alfieri, S. A., Jr., Linderman, R. G., Morrison, R. H., and Sobers, E. K. 1972. Comparative pathogenicity of *Calonectria theae* and *Cylindrocladiunm scoparium* to leaves and roots of azalea. Phytopathology 62: 647 - 650.

Axelrood - McCarthy, P. E., and Linderman, R. G. 1981. Ethylene production by cultures of *Cylindrocladium loridanum* and *C. scoparium*. Phytopathology 71: 825 - 830.

Coyier, D. L. 1980. Disease control on rhododendron. Pages 289 - 304 in: Contributions Toward a Classification of Rhododendron. J. L. Luteyn and M. E. O' Brien, eds. New York Botanical Garden, Bronx. Allen Press, Lawrence, KS.

Crous, P. W. 2002. Taxonomy and Pathology of *Cylindrocladium* (*Calonectria*) and Allied Genera. American Phytopathological Society, St. Paul, MN.

Linderman, R. G. 1972. Isolation of *Cylindrocladim* from soil or infected azalea stems with azalea leaf traps. Phytopathology 62: 736 - 739.

Linderman, R. G. 1973. Formation of microsclerotia of *Cylindrocladium* spp. in infected azalea leaves, flowers, and roots. Phytopathology 63: 187 - 191.

Linderman, R. G. 1974. Ascospore discharge from perithecia of *Calonectria theae*, *C. crotalariae*, and *C. kyotensis*. Phytopathology 64: 567 - 569.

Linderman, R. G. 1974. The role of abscised *Cylindrocladium* infected azalea leaves in the epidemiology of Cylindrocladium wilt of azalea. Phytopathology 64: 481 - 485.

Timonin, M. I., and Self, R. L. 1955. *Cylindrocladium scoparium* Morgan on azaleas and other ornamentals. Plant Dis. Rep. 37: 860 - 865.

Bowers, C. G. 1960. Rhododendrons and Azaleas: Their Origin, Cultivation and Development. 2nd ed. Macmillan, New York.

Horst, R. K., ed. 2013. Westcott's Plant Disease Handbook. 8th ed. Springer, New York.

Pirone, P. P. 1978. Diseases and Pests of Ornamental Plants. 5th ed. John Wiley & Sons, New York.

White, R. P. 1930. Pathogenicity of *Pestalotia* spp. on rhododendron. Phytopathology 20: 85 - 91.

Begerow, D., Bauer, R., and Oberwinkler, F. 2002. The Exobasidiales: An evolutionary hypothesis. Mycol. Prog. 1: 187 - 199.

Blanz, P. 1978. On the taxonomic position of the Exobasidiales. Z. Mycol. 44: 91 - 107.

Davis, S. H., Jr., and Hamilton, C. C. 1958. Diseases and insect pests of rhododendron and azalea. N. J. Agric. Exp. Stn. Bull. 571.

Graafland, W. 1960. The parasitism of *Exobasidium japonicum* Shir. on azalea. Acta. Bot. Neerl. 9: 347 - 379.

Jones, R. K., and Benson, D. M., eds. 2001. Diseases of Woody Ornamentals and Trees in Nurseries. American Phytopathological Society, St. Paul, MN.

Kahn, S. R., Kimbrough, J. W., and Mims, C. W. 1981. Septal ultrastructure and the taxonomy of *Exobasidium*. Can. J. Bot. 59: 2450 - 2457.

McNabb, R. F. R., and Talbot, P. H. B. 1973. Holobasidiomycetidae: Exobasidiales, Brachybasidiales, Dacrymycetales. Pages 317 - 325 in: The Fungi, vol. 4B. G. C. Ainsworth, F. K. Sparrow, and A. S. Sussman, eds. Academic Press, New York.

Saville, D. B. O. 1959. Notes on *Exobasidiunm*. Can. J. Bot. 37: 641 - 656.

Wolfe, L. M, and Rissler, L. J. 2000. Reproductive consequences of a gall - inducing fungal pathogen (*Exobasidium vaccinii*) on *Rhododendron calendulaceum* (Ericaceae). Can. J. Bot. 77: 1454 - 1459.

Bertus, A. L. 1974. Azalea petal blight - Its life cycle and control. Proc. Int. Plant Prop. Soc. 24: 274 - 279.

Jones, R. K., and Benson, D. M., eds. 2001. Diseases of Woody Ornamentals and Trees in Nurseries. American Phytopathological Society, St. Paul, MN.

Peterson, J. L., and Davis, S. H., Jr. 1977. Effect of fungicides and application timing on control of azalea petal blight. Plant Dis. Rep. 61: 209 - 212.

Plakidas, A. G. 1949. Effect of sclerotial development on incidence of azalea flower blight. Plant Dis. Rep. 33: 272 - 273.

Weiss, F. 1940. *Ovulinia*, a new generic segregate from *Sclerotinia*. Phytopathology 30: 236 - 244.

Weiss, F, and Smith, F. F. 1940. A flower spot of cultivated azaleas. U. S. Dep. Agric. Circ. 556.

Bacigálová, K., and Marková, J. 2006. *Erysiphe azaleae* (Erysiphales) A new species of powdery mildew for Slovakia and further records from the Czech Republic. Czech Mycol. 58: 189 - 199.

Evans, J., Hutchinson, D., and Cook, R. A. J. 1984. Rhododendron powdery mildew. Garden (U. K.) 109: 406 - 407.

Inman, A., Cook, R., and Beales, P, 2000. A contribution to the identity of rhododendron powdery mildew in Europe. J. Phytopathol. 148: 17 - 27.

Kenyon, D. M., Dixon, G. R., and Helfer, S. 1998. The effect of temperature on colony growth by *Erysiphe* sp. infecting rhododendron. Plant Pathol. 47: 411 - 416.

Kenyon, D. M., Dixon, G. R., and Helfer, S. 2002. Effects of relative humidity, light intensity and photoperiod on the colony development of *Erysiphe* sp. on *Rhododendron*. Plant Pathol. 51: 103 - 108.

Bertetti, D., Cullino, M. L., and Garibaldi, A. 2007. Susceptibility of evergreen azalea cultivars to anthracnose caused by *Colletotrichum acutatum*. Hort Technology 17: 501 – 504.

Coyier, D. L. 1980. Disease control on rhododendron. Pages 289 – 304 in: Contributions Toward Classification of Rhododendron. J. L. Luteyn and M. E. O' Brien, eds. New York Botanical Garden, Bronx. Allen Press, Lawrence, KS.

Elis, J. B. , and Everhart, B. M. 1895. New species of fungi. Torry Bot. Club Bull. 22: 434 – 440.

Farr, D. F. , and Rossman, A. Y. n. d. Fungal Databases, Systematic Mycology and Microbiology Laboratory. Agricultural Research Service, U. S. Department of Agriculture. Available online at http://nt. ars – grin. gov/fungaldatabases

Gould, C. J. , and Eglitis, M. 1956. Rhododendron diseases. Pages 59 – 70 in: *Rhododendrons*. J. H. Clarke, ed. American Rhododendron Socicty, Tigard, OR.

Guba, E. F. 1961. Monograph of Monochaetia and Pestalotia. Harvard University Press, Cambridge, MA.

Schmitz, H. 1920. Observations of some common and important diseases of the rhododendron. Phytopathology 10: 273 – 278.

Shaw, C. G. 1973. Host fungus index for the Pacific Northwest. Ⅱ. Fungi. Wash. Agric. Exp. Stn. Bull. 766.

Bir, R. E. , Jones, R. K. , and Benson, D. M. 1982. Susceptibility of selected deciduous azalea cultivars to azalea rust. Am. Rhododendron Soc. Q. Bull. 36: 153.

Crane, P. E. 2001. Morphology, taxonomy, and nomenclature of the *Chrysomyxa ledi* complex and related rust fungi on spruce and Ericaceae in North America and Europe. Can. J. Bot. 79: 957 – 982.

Crane, P. E. 2005. Rust fungi on rhododendrons in Asia: *Diaphanopellis forrestii* gen. et sp. nov. , new species of *Caeoma*, and expanded descriptions of *Chrysomyxa dieteli* and *C. succinea*. Mycologia 97: 534 – 548.

Crane, P. E. , Yamaoka, Y. , Engkhaninun, J. , and Kakishima, M. 2005. *Caeoma tsukubaense* n. sp. , a rhododendron rust fungus of Japan and southern Asia, and its relationship to *Chrysomyxa rhododendri*. Mycoscience 46: 143 – 147.

Farr, D. F. , and Rossman, A. Y. n. d. Fungal Databases, Systematic Mycology and Microbiology Laboratory. Agricultural Research Service, U. S. Department of Agriculture. Available online at http://nt. ars – grin. gov/fungaldatabases

Faull, J. H. 1936. Two spruce – infecting rusts—*Chrysomyxa piperiana* and *Chrysomyxa chiogenis*. J. Arnold Arbor. Harv. Univ. 17: 109 – 114.

Gould, C. J. 1966. Recent advances in our knowledge and control of rhododendron diseases. Pages 199 – 207 in: Rhododendron Information. J. H. Clarke, ed. American Rhododendron Society, Tigard, OR.

Gould, C. J. , and Shaw, C. G. 1969. Spore germination in *Chrysomyxa* spp. Mycologia 61: 694 – 717.

Gould, C. J. , Eglitis, M. , and Doughty, C. C. 1955. European rhododendron rust (*Chrysomyxa ledi* var. *rhododendri*) in the United States. Plant Dis. Rep. 39: 781 – 782.

Jones, R. K. , Bir, R. E. , and Benson, D. M. 1983. Rust of deciduous azaleas. Am. Rhododendron Soc. Q. Bull. 37: 80.

Pfister, S. E. , Halik, S. , and Bergdahl, D. R. 2004. Effect of temperature on *Thekopsora minima* urediniospores and uredinia. Plant Dis. 88: 359 – 362.

Roane, M. K. 1986. Rusts. Pages 26 – 29 in: Compendium of Rhododendron and Azalea Diseases. D. L. Coyier and M. K. Roane, eds. American Phytopathological Society, St. Paul, MN.

Sato, S. , Katsuya, K. , and Hiratsuka, Y. 1993. Morphology, taxonomy and nomenclature of *Tsuga* – Ericaceae rusts. Trans. Mycol. Soc. Jpn. 34: 47 – 62.

Ziller, W. G. 1974. The tree rusts of western Canada. Can. For. Serv. Publ. 1329.

第二节　细菌引起的疾病

　　冠瘿病是由根癌农杆菌（*Agrobacterium tumefaciens*）引起的，这种细菌能感染包括木本植物在内的很多植物。北美洲首例杜鹃花冠瘿病发生于 1931 年，在马里兰州罗克维尔市的一项观赏植物调查中发现。后来，在加拿大新斯科舍肯特维尔的一个杂交杜鹃花 'Dr. H. C. Dresselhuys'（*R. smirnowii*×*R. catawbiense*）标本上也发现了冠瘿病。可是，在 1960 年美国农业部出版的《美国植物疾病索引》中却没有记录此事。

　　尽管冠瘿病偶尔还是有非正式的报道，但 1967 年后再也没有论文提及冠瘿病。此病似乎很少出现且不重要。研究人员也未能用分离自瘿瘤的细菌或恶性的 *A. tumefaciens* 使杜鹃花属植物再次发生冠瘿病。

　　由于缺乏杜鹃花冠瘿病的资料，以下讨论基于其他木本植物冠瘿病的资料。

一、症状

　　植物疮口染病部位的细胞受到刺激，无节制地复制增殖，从而形成大致呈圆形、表面粗糙的瘿瘤组织，如图 1-100 所示。瘿瘤可在侧根、枝条或主茎上出现，但最常出现的部位是土壤表面的根颈处。

　　根据疾病发病时期不同，瘿瘤的大小有所变化。从微小至豌豆般大小或更大，瘿瘤直径可达数厘米。发病初期，小瘿瘤容易同愈伤组织混淆，特别是在扦插苗的剪口端。

　　瘿瘤的质地也随时间推移而变化，最初柔软，随后变硬并木质化；颜色也从最初的浅色逐渐变暗。

　　尽管冠瘿病有时同组织增生类似，但在以下关键点中不同（组织增生见第二章）：第一，冠瘿病不会在瘿瘤上长出萌蘖；第二，冠瘿病发病于根部；第三，冠瘿病染病部分只有少量维管组织。

二、病原体

　　根癌农杆菌是甲型变形菌纲（Alphaproteobacteria）根瘤菌科（Rhizobiaceae）的一种细菌，它是革兰氏阴性菌，不形成孢子。鞭毛环绕着细胞使得细胞可以运动。细菌大小为（0.6～0.8）μm×（2.5～3.0）μm，同其他许多细菌细胞大小类似，因此这不是它的关键区分性状。农杆菌标准分离和鉴定步骤可参考已出版的资料。

三、流行病学

　　农杆菌是典型的生活在土壤中的细菌，既可以通过水传播，也可以通过植物根系传播。染病植株的运输可能会使冠瘿病从一个地区传播至另一个地区。大多数土壤和植物根系中均可以分离出农杆菌属的菌株，但它们几乎都不致病。那些从瘿瘤处分离的则具致病性。人们发现了一个悖论，即当一块土地上 50%～80% 的植物生病时，这块土地上生长的植物才会发生传染病。

一些根癌农杆菌的菌株是专性寄生的，它们中的大部分具有一个限定的寄生范围，尽管这个属的细菌能侵染 90 个科的植物。人们应该避免概括其寄主范围，相反应当研究单个菌株的寄主范围。例如，在新地点种植的杜鹃花可能被当地的根癌农杆菌侵染致病或被之前种植的杜鹃花科植物（如蓝莓）带有的致病细菌侵染。

四、管理

一般的杜鹃花品种似乎对根癌农杆菌有较好的抗性。不过，一旦冠瘿病广为流行，就需要一系列管理措施来减少疾病发生。

使用无病植株，不应从有冠瘿病的母株取插条用于繁殖。但是，即使是无病植株也可能在种植后患病，在种植时人们无法预测这种情况。

应该遵守消毒程序，以避免病原体在修剪和分级过程中传播。苗床应该使用蒸汽或巴氏消毒法消毒。

避免不必要的伤口，以减少病原体入侵的门户。可以使用生物防控剂 *A. radiobacter* K84 菌株或改良的质粒转移缺陷菌株 K1026 来处理伤口（图 1-101）。这些产品不能完全有效防止植株后续患病，不能对抗根癌农杆菌菌株，仅有预防性并不具备治疗性。

苗圃应采取轮作，避免在种植易染根癌农杆菌的植物后种植杜鹃花。

参 考 文 献

Anderson，A. R. ，and Moore，L. W. 1979. Host specificity in the genus *Agrobacterium*. Phytopathology 69：320 - 323.

De Cleene，M. ，and De Ley，J. 1977. The host range of crown gall. Bot. Rev. 42：389 - 466.

Fenner，L. M. 1965. Crown - gall disease on rhododendron. Plant Dis. Rep. 49：360.

Gourley，C. O. ，and Harrison，K. A. 1961. The crown gall organism in Nova Scotia. Can. Plant Dis. Surv. 41：297 - 298.

LaMondia，J. A. ，Smith，V. L. ，and Rathier，T. M. 1997. Tissue proliferation in rhododendron：Lack of association with disease and effect on plants in the landscape. HortScience 32：1001 - 1003.

Moore，L. W. ，Bouzar，H. ，and Burr，T. 2001. *Agrobacterium*. Pages 17 - 35 in：Laboratory Guide for Identification of Plant Pathogenic Bacteria. 3rd ed. N. W. Schaad，J. B. Jones，and W. Chun，eds. American Phytopathological Society，St. Paul，MN.

Ryder，M. H. ，and jones，D. A. 1991. Biological control of crown gall using *Agrobacterium* strains K84 and K1026. Aust. J. Plant Physiol. 18：571 - 579.

U. S. Department of Agriculture，Crops Research Division. 1960. Index of Plant Diseases in the United States. U. S. Dep. Agric. Handb. 165.

（编写：L. W. Moore；核校：M. L. Putnam and M. L. Miller）

第三节　病毒引起的疾病

　　作为一种病原体，病毒与真菌、细菌和线虫大不一样。病毒太小，需要借助电子显微镜才能看到，病毒通常为球状、棒状和杆状。

　　病毒只有通过伤口才能侵染植物，如机械损伤或通过虫媒传播。因此，在自然界中许多病毒是靠昆虫的取食而传播的，如蚜虫、粉虱、甲虫、蓟马以及叶蝉。螨类可以传播一些病毒，还有以根为食的植物线虫和土生真菌也可以作为病毒传播载体。病毒和它的载体之间有很强的专一性，某些病毒靠寄主的花粉和种子传播。

　　人们进行的苗木生产繁殖，这个活动也会促进病毒传播。如果取材植株已经患病，那么扦插将会增加患病植株的数量。不鉴别嫁接材料是否患病，也会容易导致接穗与砧木之间病毒的传染，甚至会导致接穗和砧木之间的交叉感染，使得植株患病更为严重。

　　病毒引起的症状会因植株的基因型、年龄、患病时间、外界环境因素（温度、光照以及营养）的不同而有很大的变化。考虑到这些因素的影响，根据症状而鉴定病毒种类是不可靠的，症状仅能为将来的病原体检测试验提供线索。尽管 Koch 的假设难以与病毒疾病匹配，但必须尝试执行这些假设以确定疾病的病因。

　　杜鹃花种植者很幸运，因为杜鹃花仅有少数病毒症状被报道。检测到的病毒颗粒也仅有杜鹃花炭疽环斑病毒 RoNRSV，此病毒能引起杜鹃花和山月桂炭疽环斑病。2000 年以来，美国东南部许多 Southern Indica 杜鹃花栽培群发生这种疾病，发病概率很高。初步的观测表明，此病的病原体来自 RoNRSV。后来，在自然界中的高山杜鹃上又发现了几种新病毒。

一、杜鹃花炭疽环斑病

　　此病在美国西海岸南北区域均广泛发生，尽管炭疽环斑病的症状看似很严重，但并没有对杜鹃花造成严重威胁。在俄勒冈州和加拿大不列颠哥伦比亚省至少有 13 个品种的杜鹃花和山月桂二年生小苗发生过此病。在英国，山月桂也有类似症状的报道。

　　不论炭疽环斑病流行与否，此病未造成明显的经济损失，对于高山杜鹃种植者而言似乎并不构成威胁。然而，此病毒同叶片真菌的结合感染对踯躅杜鹃造成严重落叶。病毒会通过物理方式传播，如嫁接繁殖以及以染病植株为母本的繁殖方式。

　　（一）症状

　　炭疽环斑病不会在当年生枝叶或花上表现出症状。但是在春季生长期结束后不久，症状便会在去年叶片上出现，如图 1-102 所示。环斑随着时间的推移越来越多，叶片常常变红并早落。由于叶片早落，很难测定出病毒。

　　（二）病原体

　　病原体杜鹃花炭疽环斑病毒 RoNRSV，暂时被划分为马铃薯 X 病毒属（*Potexvirus*）甲型线形病毒科（Alphaflexiviridae）。患病杜鹃花的阴性染色叶尖样本在电镜下显示出像病毒一样的颗粒，它们为"之"字形的棒状物（13 nm×504 nm），这是马铃薯 X 病毒属的特征（图 1-103）。

病叶超薄切片在电镜下显示，栅栏细胞的细胞质中聚集了像病毒的"之"字形棒状物。患病植株上无症状的当年生叶片也发现了类似的颗粒，但在健康植株上未发现这种颗粒。

马铃薯 X 病毒组病毒通过物理方式传播，但目前传播载体未知。RoNRSV 可通过物理方式传染给草本植物，但是比较困难，目前杜鹃花之间还没有物理传染的案例。然而，马铃薯 X 病毒组病毒与患病植物总是存在联系，于是人们推测它可能是致病因子。

（三）流行病学

由于物理方式传播困难，指示寄主的检测方法也难以用于检测 RoNRSV。如果依据症状而怀疑植株感染病毒时，可以使用马铃薯 X 病毒组病毒通用引物进行聚合酶链式反应（PCR）来检验。

草本植物（通常作为病毒指示寄主）在接种患病杜鹃花提取物后并未发生感染症状。但是，提取物同多酚氧化酶（一种植物生长调节或抑制物）一起加强了千日红和藜属植物的感染症状。于是，研究者得出结论，病毒在物理传播上困难，而通过昆虫的传播还没有试验过。

病毒 RoNRSV 通过嫁接从染病杜鹃花品种'Unique'传染到山月桂上，山月桂幼叶含有类似病毒的颗粒，这些叶片很快出现炭疽环斑。由于很多杜鹃花幼苗展现出典型的杜鹃花炭疽环斑，所以推测病毒可以通过花粉或种子传播。染病植物材料的运输也能造成远距离传播。

以下品种有患过炭疽环斑病的报道：'Cosmopolitan''Goldfort''Harvest Moon''Loderi King George''Loderi Venus''Mrs. Betty Robertson''Mrs. J. G. Millais''Mrs. W. C. Slocock''Souvenir of W. C. Slocock' 以及 'Unique'。其中，'Unique' 的病症严重程度不一，如图 1-104 所示。病症的严重程度似乎与光照度呈负相关关系，在遮阳 50％环境下 'Unique' 有严重的环斑，而在全阳下则几乎没有环斑。劳德瑞（Loderi）系列杂种则相反，它们在全阳环境下有非常严重的环斑。在英国，山月桂也会出现相似的病症，并且病株长势欠佳。

（四）管理

可以说人类是病毒 RoNRSV 唯一的传播载体。因此，管理过程中应使用经过病毒检测的繁殖材料，在繁殖和修剪过程中注意清洁和消毒。

也有一种推测，病毒 RoNRSV 的易感性可能是由一个遗传因子控制。因为，大部分患病品种与弯果杜鹃（R. campylocarpum）和不丹杜鹃（R. griffithianum）有亲缘关系。所以，不使用这些品种作为亲本是很明智的。无论怎样，都有必要对植株进行病毒测试。

二、马赛克叶斑病

在德国，多种杜鹃花栽培品种上都有皱缩、失绿的叶片（令人想起马赛克样式），如

图 1-105 所示。在美国太平洋沿岸西北部同样发现了类似的症状。目前，还不清楚这种疾病的病原体。

三、踯躅杜鹃环斑病

Southern Indica 栽培群杜鹃花的环斑病病原体尚未鉴定。美国东南部各处都能发现患此病的杜鹃花，特别是在路易斯安那州，包括那些花园里种植多年的植株、新种植的植株以及商业苗圃中的苗木，有些种植多年的花园内植株发病概率高达 70%。

（一）症状

踯躅杜鹃环斑不像之前提到的 RoNRSV 在高山杜鹃上展现的同心状圆环斑，它的症状表现为轻微的斑、失绿的斑以及炭疽环斑。这些斑点都出现在前几年萌发的叶片上，而当年新叶正常（图 1-106）。

在美国东南部，这些症状在冬季和春季较为明显，特别是在花期。随后环斑开始扩大合并，形成大的炭疽区域导致落叶（图 1-107），但当年新叶正常。

（二）病原体

此病的病原体尚未明确，而患病组织经过双链 RNA（dsRNA）分析表明，患病组织产生了与典型马铃薯 X 病毒不同的病毒 RNA。而健康植株未检测到 dsRNA，将来需要确定病毒种类。

（三）流行病学

在流行的杜鹃花品种中能看到此病，如 'Daphne Salmon''Formosa''George Lindley Tabor''Mrs. G. G. Gerbing' 以及 'Pride of Mobile'。不过，品种不同症状会有所变化。在 'George Lindley Tabor' 和 'Mrs. G. G. Gerbing' 上有失绿斑点，这些斑点随后发展为炭疽环斑，如图 1-108 所示。这两个品种还可以出现线状坏疽，如图 1-109 所示。而 'Formosa' 和 'Pride of Mobile' 这两个品种的症状为小而泛红的环斑，环斑会扩大合并。这些斑点可能会同真菌引起的叶斑混淆，如图 1-110 所示。'President Clay' 常会形成炭疽斑，患病植株常常会伴随着部分叶片凋落。

（四）管理

由于 RoNRSV 并未深入研究定性，因此暂时不能为杜鹃花环斑病提供管理建议。

四、杜鹃花 A 病毒及相关病毒

2005 年，一种杜鹃花 A 病毒（RhVA）从美国大烟雾山国家公园的极大杜鹃花样本中分离出来，此病毒具有双链 RNA。此公园多个地点都检出 RhVA，这暗示着 RhVA 在当地杜鹃花种质中分布相对广泛。最初的研究结果为，感染 RhVA 的植株不会有肉眼可见的症状。

还有一种杜鹃花 B 病毒（RhVB）与 RhVA 有密切关系。RhVB 在同一种质中被检出，并被部分定性。这两种病毒均可以通过病毒特异性反转录聚合酶链式反应检测（RT－PRC）。

从分类学上来看，RhVA 不能和任何已知的病毒匹配上，它同最近报道的一些病毒有密切关系，而这些病毒来自不同植物。这些病毒包括南方番茄病毒（Southern tomato virus）、蓝莓潜伏病毒（Blueberry latent virus）、野豌豆病毒（*Vicia cryptic virus M*）。这些病毒构成了连贯的系统发育，与已知的植物和真菌病毒有明显区别。它们没有传播载体，在自然界中主要通过种子传播。

五、杜鹃花 N 病毒

一种新的副反转录病毒——杜鹃花 N 病毒（RhVN）最近从杜鹃花标本中被检测到，标本来自美国大烟雾山国家公园。分子序列分析表明，这种病毒同碧冬茄脉明病毒（*Petunia vein－clearing virus* PVCV）相关。PVCV 是目前花椰菜花叶病毒科（Caulimoviridae）碧冬茄脉明病毒属（*Petuvirus*）唯一的病毒。现在已有诊断 RhVN 的分子方法，但此病毒的影响和分布还未研究。

参 考 文 献

Coyier，D. L. 1980. Disease control on rhododendron. Pages 289－304 in：Contributions Toward a Classification of Rhododendron. J. L. Luteyn and M. E. O' Brien，eds. New York Botanical Garden，Bronx. Allen Press，Lawrence，KS.

Coyier，D. L.，Stace－Smith，R.，Allen，T. C.，and Leung，E. 1977. Virus like particles associated with a rhododendron necrotic ringspot disease. Phytopathology 67：1090－1095.

Norton，M. E.，and Norton，C. R. 1985. Symptoms and transmission of a rhododendron ringspot virus. (Abstr.) HortScience 20：46.

Pape，H. 1931. Mosaikkrankheit bei rhododendron. (In German.) Gartenwelt 35：621.

Pearse，A. G. E. 1968. Diseases of ornamental plants. Gard. Chron. 164：5.

Sabanadzovic，S.，Abou Ghanem－Sabanadzovic，N.，and Pappu，H. R. 2009. Identification and molecular characterization of a new member of the genus *Petuvirus* (family *Caulimoviridae*) from rhododendron. (Abstr.) Phytopathology 99：S112.

Sabanadzovic，S.，Abou Ghanem－Sabanadzovic，N.，and Valverde，R. A. 2010. Novel monopartite dsRNA virus from rhododendron. Arch. Virol. 155：1859－1863.

van der Vlugt，R. A. A.，and Berendsen，M. 2002. Development of a general potexvirus detection method. Eur. J. Plant Pathol. 108：367－371.

（编写：R. A. Valverde and S. Sabanadzovic）

第四节　高等植物造成的疾病

菟丝子属植物（*Cuscuta gronovii*）是一种攀附于杜鹃花及其他植物上的寄生植物。其茎呈黄色或橙色，藤状茎与寄主的茎相连。花期为盛夏至夏末，小而白色的花聚集成紧密花丛围绕在寄主茎上。菟丝子不会形成真正的叶片，也缺乏叶绿素。

菟丝子靠种子越冬，翌年春季萌发，产生柔弱的根系支撑藤状茎。茎会以环状旋转的方式生长直到它触及寄主。随后紧紧缠绕寄主，同时在每个接触点长出类似吸器的结构刺入寄主的疏导组织（图1-111）。一旦找到寄主，菟丝子原本的根就会枯萎。菟丝子从一个侵入点能以极快的速度蔓延至整个寄主树冠。

由于菟丝子靠种子生存，商业苗圃可以在其种子萌发前用萌发抑制除草剂来控制菟丝子。一旦菟丝子成功侵入杜鹃花或其他植物就只能通过持续修剪或淘汰患病植株来处理。除草工作做得很好的苗圃一般不会有菟丝子。

参 考 文 献

Gill，L. S. 1953. Broomrapes，dodders，and mistletoes，Pages 73-77 in：Plant Diseases：The Yearbook of Agriculture 1953. U. S. Department of Agriculture，Washington，DC.

Windham，M. T.，and Windham，A. S. 2008. Parasitic seed plants，protozoa，algae，and mosses. Pages 253-260 in：Plant Pathology Concepts and Laboratory Exercises. R. N. Trigiano，M. T. Windham，and A. S. Windham，eds. CRC Press，Boca Raton，FL.

（编写、核校：D. M. Benson）

第五节 线虫引起的疾病

线虫是一种微小的蛔虫。大部分线虫生活在土壤中，以植物活根系为生、营寄生或以植物残骸为食营腐生；但滑刃线虫属（*Aphelenchoides*）的线虫却是在叶片上取食生存，寄主包括踯躅杜鹃及其他植物。

一、症状

在植物根系上繁殖，取食根系的线虫，能引起寄主激烈的反应，如植株衰弱。对许多易感植物而言，线虫侵染常表现为发育矮小或发育不良。此外，还有失绿、枯枝、根瘤、根系生长受限，在严酷环境压力下还可能发生顶梢干枯、落叶以及严重的根系受限。一般发生在干热气候下和排水良好的沙质土壤中。而环境压力稍小的地方，植株可能仅表现为发育矮小，没有其余症状。

叶片线虫会让叶片失绿和坏死，当虫口密度较高时还可能会引起落叶。如果叶片线虫开始形成流行病时，花商的全部苗木可能都会落叶，造成严重损失。

二、病原体

在亚小区研究中，单一种群线虫被引入经过熏蒸消毒的土壤中，并在这些土壤中种植踯躅杜鹃 'Formosa' 以及 'Hershey Red'。克莱顿矮化线虫（*Tylenchorhynchus claytoni*）使得 'Hershey Red' 发育停滞，而 'Formosa' 正常。异盘中环线虫属（*Mesocri-*

conema xenoplax）（syn. *Criconemoides xenoplax*）和根结线虫（*Meloidogyne arenaria*）在 3 年间均不能使两个品种的杜鹃花受害。但某些根结线虫属（*Meloidogyne*）的物种或种群，有时能引起根瘤，如图 1-112 和图 1-113 所示。双宫螺旋线虫（*Helicotylenchus dihystera*）引入后具有很高的繁殖率，但也并未对杜鹃花造成伤害。

对踯躅杜鹃伤害最严重的线虫为克莱顿矮化线虫，美国种植杜鹃花的地方均有分布。尽管滑刃线虫属的一些物种会侵染观赏植物，但只有草莓滑刃线虫（*A. fragariae*）会危害杜鹃花。在佛罗里达州，草莓滑刃线虫会危害皋月杜鹃和其他杜鹃花。大西洋中部各州的观测表明，常绿踯躅杜鹃常常伴随着叶片线虫的危害（图 1-114 和图 1-115）。其他与踯躅杜鹃相关的线虫种类有茎线虫属（*Ditylenchus*）、毛刺线虫属（*Trichodorus*）。目前还不清楚它们对杜鹃花有什么危害，但可以确定某些种类的线虫仅危害踯躅杜鹃而不危害高山杜鹃。在阿巴拉契亚山脉南部，在酒红杜鹃上发现了轮刺线虫属（*Criconema*）、*Criconemodies*、螺旋线虫属（*Helicotylenchus*）、半轮线虫属（*Hemicriconemoides*）、纽带线虫属（*Hoplolaimus*）、针线虫属（*Paratylenchus*）以及毛刺线虫属（*Trichodorus*）线虫。在罗得岛州一些苗圃中发现有真滑刃线虫属（*Aphelenchus*）、滑刃线虫属（*Aphelenchoides*）、茎线虫属（*Ditylenchus*）、针线虫属（*Paratylenchus*）、短体线虫属（*Pratylenchus*）、矮化线虫属（*Tylenchorhynchus*）以及剑线虫属（*Xiphinema*）线虫。矮化线虫属的物种最为常见，它们对高山杜鹃的后续影响尚不清楚。

三、流行病学

线虫的取食和繁殖活动对植物造成伤害，通过口针刺入植物的方式取食。口针刺入植物细胞并注入它们的唾液，改变细胞质的化学成分。随后，又将细胞质吸入其自身体内。

在美国，由根系感染线虫引起的杜鹃花衰退主要发生在沙壤土和温暖气候的地区。但是，叶片线虫喜爱潮湿环境以及生长季节采用顶部喷灌方式的地方，同泥土类型关联度不大。

四、管理

管理线虫的措施有种植前使用杀灭线虫的药剂，选用忍受或抗线虫的品种。而无土栽培基质很少会发生线虫危害。

在苗圃中，种植前使用杀灭线虫药剂熏蒸是一种有效处理克莱顿矮化线虫的措施。在地栽育苗中应优先考虑这种措施。但是，种植者往往不会提前意识到线虫带来的危害，直到一些易感品种出现症状后才追悔莫及。种植后使用的药剂大部分效果不佳。

景观绿地中主要是避免杜鹃花种植在干热环境和沙质土壤中，这种环境有利于线虫繁殖和取食。将健康无线虫的植株栽植在合适环境下能最大限度减小线虫对木本观赏植物的危害。栽培技术如添加有机覆盖物以保持水分、干旱情况下灌水、合理施肥都能促进植物发育、扎牢根系以抵抗线虫。

参 考 文 献

Barker，K. R.，and Worf，G. 1964. Parasitism of "southern stock" azaleas in Wisconsin by *Tylencho-*

rhynchus claytoni，*Trichodorus christiei*，and *Meloidogyne incognita*.（Abstr.）Phytopathology 54：887.

Barker，K. R，Worf，G. L.，and Epstein，A. H. 1965. Nematodes associated with the decline of azaleas in Wisconsin. Plant Dis. Rep. 49：47-49.

Benson，D. M.，and Barker，K. R. 1985. Nematodes—A threat to ornamental plants in the nursery and landscape. Plant Dis. 69：97-100.

Brzeski，M.，Loof，P. A. A.，and Choi，Y.，E. 2002，Compendium of the genus *Mesocriconema* Andrássy，1965（Nematoda：Criconematidae）. Nematology 4：341-360.

Esser，R. P.，O'Bannon，J. H.，and Clark，R. A. 1988. Procedures to detect foliar nematodes for annual nursery or out of state inspections. Fla. Dep. Agric. Consumer Serv. Div. Nematol. Circ. 160.

Ferris，H. 2011. *Criconemoides xenoplax*. In：The Nematode-Plant Expert Information System：A Virtual Encyclopedia of Soil and Plant Nematodes. H. Ferris，ed. University of California，Davis. Available online at http://plpnemweb. ucdavis. edu/nemaplex/Index. htm

Kohl，L. M. 2011. Foliar nematodes：A summary of biology and control with a compilation of host range. Plant Health Progress. doi：10. 1094/PHP-2011-1129-01-RV.

Ruehle，J. L. 1968. Plant-parasitic nematodes associated with southern hardwood and coniferous forest trees. Plant Dis. Rep. 52：837-839.

（编写、核校：D. M. Benson and K. R. Barker）

第六节　藻类引起的疾病

Cunningham 1879 年在印度报道了 *Cephaleuros virescens* 能使杜鹃花发生藻斑病。自此，人们发现这种寄生性的藻类能在几百种植物上引起藻斑病和茎感染，在热带和亚热带广为存在，如非洲、大洋洲、中南美洲、中国及其他太平洋小岛、印度、日本、美国和西印度群岛。

（一）症状

由 *C. virescens* 引起的叶斑出现在踯躅杜鹃叶上表面，直径通常 1～3 mm。藻类叶状体生于叶表皮之下但不穿刺叶表皮，对叶片的损伤限于叶状体下部的区域，导致这些表皮细胞死亡，有时表皮以下 2 层或 3 层细胞也会被杀死。这暗示着（但未被证明）藻类产生了有毒的代谢物质杀死了寄主细胞。

C. virescens 感染的茎会死亡（图 1-116），这种情况比叶斑要严重得多。藻类接触活茎组织（可能是通过树皮裂缝）并刺激栓皮形成层细胞，从而形成可见的肿胀和瘿瘤。

茎感染的独有特征为：夏季在茎表面出现橙色毛毡状的孢子囊，它们环绕着茎秆，宽度 2.5～5.0 cm。

（二）病原体

C. virescens 是一种绿藻，属于堇青藻科（Trentepohliaceae）。其叶状体为绿色，但在夏季（6～10 月）呈现为橙色，此时其表面产生了孢囊梗和游动孢子囊。

（三）流行病学

游动孢子和游动配子需要水才能释放和传播，引起新的感染。雨滴可以轻易地使微小的繁殖体移动，因此在路易斯安那州，9月之前杜鹃花上不会看到新的叶斑，而在2个月的大雨后叶斑开始流行。

在亚拉巴马州、佛罗里达州和路易斯安那州（所有的墨西哥湾区），不管是野生踯躅杜鹃（如 *R. serrulatum*，*R. canescens*）还是栽培踯躅杜鹃，都能被 *C. virescens* 感染。

（四）管理

由 *C. virescens* 引起的藻斑病不管是在杜鹃花上还是在其他观赏植物上一般都不需要管理。当藻斑严重或茎感染发生时，适时使用铜制剂预防可能会起到控制效果。

参 考 文 献

Cunningham，D. D. 1879. On *Mycoidea parasitica*，a new genus of parasitic algae，and the part which it plays in the formation of certain lichens. Trans. Linn. Soc. London，Bot. Ser. 2 1：301 - 316.

Holcomb，G. E. 1986. Hosts of the parasitic alga *Cephaleuros virescens* in Louisiana and new host records for the continental United States. Plant Dis. 70：1080 - 1083.

Joubert，J. J.，and Rijkenberg，F. H. J. 1971. Parasitic green algae. Annu. Rev. Phytopathol. 9：45 - 64.

Marlatt，R. B.，and Alfieri，S. A.，Jr. 1981. Hosts of a parasitic alga，*Cephaleuros* Kunze，in Florida. Plant Dis. 65：520 - 522.

Wolf，F. A. 1930. A parasitic alga，*Cephaleuros virescens* Kunze，on citrus and certain other plants. J. Elisha Mitchell Sci. Soc. 45：187 - 205.

（编写：G. E. Holcomb；核校：G. E. Holcomb and D. M. Ferrin）

第二章 非传染性疾病

第一节 水分胁迫、热害和冬季伤害

杜鹃花是宽叶常绿植物，叶有较大面积暴露于各种各样的环境因素当中。杜鹃花热害同水分胁迫相关，而冬季伤害与水分胁迫、低温相关。由于土壤本身缺乏水分或冰冻，这会带来严重的水分胁迫。当植物暴露于强风中，其水分损失更大。这些因素加剧植物的水分胁迫，引起植物伤害。

有些杜鹃花种类和品种具备一些独有的特征，以减少水分从叶片散失，如叶片下表面的毛被。有些种类叶片上下两面均具备毛被，如屋久岛杜鹃。尽管随着时间的推移，叶片上表面的毛被会消失，但在叶片生长的初期，也就是最容易受到热伤害的时间，这些毛被可以减少叶片水分损失。而叶下表面的持续性毛被能长期减少水分损失。杜鹃花另一个保护机制是在零度以下低温时，很多种类会将叶片卷起下垂。尽管这一现象确切效果还不清楚，但通过光滑的上表面反射阳光似乎可以减少加热以减缓水分损失。

当嫩叶萎蔫并在 32 ℃及以上气温时暴露在阳光下，就可能会发生热害，主要的症状是嫩叶发生日灼。另一个引起叶片水分亏缺而焦叶的情况是施肥过多引起根系附近盐分过高从而缺水。

许多杜鹃花栽培品种为热带或亚热带种类同耐寒杜鹃花种类的杂交后代，这样杂交产生了中等耐寒的植株。因为耐寒性是冷凉、寒冷区域种植者首要关心的性状，所以耐寒性评价工作已经在绝大多数的高山杜鹃和踯躅杜鹃中展开。

在美国，北卡罗来纳州的气候显示出基于气候而选择杜鹃花的重要性。该州基于冬季低温可以划分为 3 个区：

（1）海岸地区：冬季温度−12～7 ℃。

（2）丘陵地区：冬季温度−17～−12 ℃。

（3）西部高山地区：冬季温度−23～−17 ℃。

这三个地区适宜的品种为：

（1）海岸地区：'Anna Rose Whitney' 'Anton van Welie' 'Cary Ann' 'Crimson Glory' 'Jan Denkens' 以及 'Unique'。

（2）丘陵地区：'General Eisenhower' 'Jean Marie de Montage' 'Mrs. E. C. Stirling' 'Pink Pearl' 'Van Ness Sensation' 以及 'Vulcan'。

（3）西部高山地区：'Bessie Howells' 'Blue Ensign' 'English Roseum' 'Ignatius Sargent' 'Scintillation' 以及 'Windbeam'。

低温能杀死植物或引起植物各种程度的损伤。年幼、新栽植的植株同大植株和种植多年的植株相比，它们移植前没有进入休眠状态或没有适应低温，更容易被冻死或受到叶片

伤害（图 2-1）。移植植株会损失一些根系和根毛，此时它们无法应对水分蒸发，直到它们根系恢复时才能应对。

种植多年的植株最常遇见的低温伤害形式是花苞冻伤，如图 2-2 所示。由于不成熟的细胞和组织对冻害最为敏感，尽管花苞外表看起来一切正常，但内部的小花已经死亡。切开花苞，会看见棕色或黑色的小花。低温也可以造成焦叶、整叶死亡以及程度不一的枝条死亡。如果植株未被冻死，翌年夏季它们可以从根颈部萌发新枝。

低温时，植株基部茎干树皮发生环剥意味着植株还未完全休眠，也意味着植株顶部和基部的耐寒性不一致（图 2-3）。暖冬后，春季的剧烈降温常常导致植株基部树皮部分或全部环剥。这些伤害往往直到生长季节植株出现萎蔫、死亡才被人注意到。为了减少热害、冻害，种植者一定要选择适应当地气候的品种，做到适地适树。

人们应为绝大多数杜鹃花提供一定程度的遮阳。容器苗移栽时应稍微打散根团，使根系同周围基质亲密接触，而不是将一个完整的根团种下去。种植时不要掩埋杜鹃花根颈。种植的基质应该为优良表土与有机质（泥炭藓或松树皮）的混合基质，如果想增加排水透气性还可以增加珍珠岩、膨化页岩或粗沙。基质应呈酸性，肥料也应当施用酸性肥料。6 月后停止施肥，过晚施肥将导致植物萌发新枝，延迟休眠，使得植物在冬季更容易遭受冻害。在夏秋季干旱时应灌水，同时推荐增加足够的有机覆盖物以护根。

参 考 文 献

Bruce，H. 1983. Winter damage to rhododendrons at Winterthur after the record - breaking low temperatures of January，1982. Am. Rhododendron Soc. Q. J. 37：155 - 158.

Shear，G. M. 1978. Winter injury of rhododendrons. Va. J. Sci. 29：73.

Shear，G. M. 1983. Low temperature injury to rhododendrons in the winter of 1981 - 82. Am. Rhododendron Soc. Q. J. 37：159 - 163.

Shear，G. M. 1985. Observations of a western Virginia collector. Rosebay 14 （2）：6 - 7.

Shear，G. M. 1985. Problems with establishing young plants. Rosebay 14 （1）：3 - 4.

（编写：G. M. Shear）

第二节　营养元素缺乏与中毒

营养元素缺乏与中毒的鉴定有难度，通常需要了解种植者使用过的肥料种类、土壤类型、地理位置，此外还需进行叶片营养分析。基于视觉观测的单一诊断往往鉴定失败。营养元素间有重要的相互作用，只有控制条件下的试验才能鉴定单一或多种营养元素缺乏或中毒。为了获取植物在某一特定营养元素缺乏或中毒时的特征，通常采用沙培。

为了使叶片营养分析标准化，并建立缺乏、中毒和最佳生长的营养元素浓度范围，笔者做了一些试验并将数据列入表 2-1。一项叶片取样研究表明，当年生枝条上最新成熟的叶片最能反映其营养元素水平。尽管茎干的尺寸、花和花芽数量、花的尺寸、形成花芽的枝条数量都能用于判断营养元素含量，但以下章节仅以叶片所展现的视觉特征展开论述。

表 2 - 1　基于 15 个苗圃杜鹃花叶片的平均营养水平的比较

杜鹃花	干重（%）					干重（mg/kg）					
生长情况	氮	磷	钾	钙	镁	锰	铁	铜	硼	锌	铝
'Blue Ensign'											
平均	1.79	0.26	0.60	0.99	0.22	1 085	197	3	27	37	99
生长好	1.65	0.29	0.56	1.06	0.22	1 212	117	3 -	43	27	64
生长差	1.73	0.23	0.66	0.94	0.22	979	64	3 -	28	51	117
'Jean Marie'											
平均	1.84	0.26	0.84	0.92	0.25	807	182	3	45	33	113
生长好	2.07	0.29	0.81	0.93	0.27	820	119	3 -	47	37	71
生长差	1.72	0.23	1.02	0.75	0.27	937	199	5	49	26	144
'Roseum Elegans'											
平均	1.73	0.24	0.47	1.03	0.22	899	117	3	28	24	115
生长好	1.90	0.26	0.41	1.03	0.19	1 541	93	2	34	21	131
生长差	1.68	0.20	0.59	0.90	0.23	696	59	3 -	22	22	104
'Trilby'											
平均	1.52	0.19	0.47	0.86	0.23	550	178	1	29	23	61
生长好	1.66	0.21	0.44	0.83	0.22	602	245	1	38	25	20
生长差	1.30	0.14	0.53	0.91	0.31	387	140	1	20	24	89
'Unique'											
平均	1.64	0.24	0.65	0.88	0.27	624	151	2	37	47	129
生长好	1.59	0.26	0.71	0.82	0.25	687	138	2 -	44	35	91
生长差	1.48	0.25	0.63	0.82	0.30	646	187	2 -	39	47	157
'Vulcan'											
平均	1.91	0.23	0.47	1.33	0.23	1 069	131	3	36	31	106
生长好	1.84	0.22	0.43	1.39	0.19	1 260	138	3	33	29	106
生长差	1.78	0.18	0.62	1.15	0.27	637	59	2	30	38	66

一、营养元素缺乏

（一）氮元素缺乏

缺氮的植株可能会发育不良，叶片小且呈浅绿色或黄绿色。植株下部叶片（老叶）最终会变黄或变红并脱落。缺素晚期，叶片边缘会变红或有红色斑点。如果不补充氮素，新叶会呈现黄绿色，生长受限，植株生长参差不齐。不过，植株很少会因为缺乏氮素而死亡。

氮素形式和施用量都能影响组织 pH。铵态氮能降低组织 pH，预防黄化症；而硝态氮提高组织 pH，易导致植物黄化甚至是落叶（见氮元素中毒）。

土壤 pH 也能影响氮素营养。低 pH 抑制硝化细菌活性，阻碍铵态氮向硝态氮转化。

此外，低 pH 也削弱腐生生物活性，所以氮素被微生物固定而植物无法利用。杜鹃花生长的基质为高有机质低 pH，可能会发生氮素缺乏。因此，氮肥应施用硫酸铵。

（二）磷元素缺乏

缺乏磷元素的叶片表现为深绿色（有时几乎是黑色），随后叶背面变红，特别是中脉附近。部分植株可能会表现为斑点，叶片上下两面均有紫红色斑点。叶片可能还会变为暗棕色或黑色，最终凋落。生长旺盛的枝条下部叶片死亡，仅在顶部留有一些棕红色的叶片。

与氮元素类似，磷元素也有可能被微生物固定，即那些能分解有机质的腐生微生物，在酸性条件下能从基质中吸收磷元素造成磷元素缺乏。但是，杜鹃花并不像其他观赏植物那样需要大量的磷元素。

菌根真菌能吸收磷元素并传递给杜鹃花。在低肥状态下，菌根对预防磷元素缺乏发挥着重大作用。

（三）钾元素缺乏

钾元素缺乏最初的症状为幼叶脉间失绿，同缺铁元素的症状类似。如果植物持续缺钾，在新成熟的叶片上会出现叶边焦枯和斑点。随后整株的叶片会变成古铜色，枝条也会出现枯死。部分叶片会出现边缘向内反卷，而另一些叶片凋落，顶芽停止生长。

杜鹃花很少发生钾元素缺乏，它们需要的钾元素少于其他观赏植物和农作物。

（四）钙元素缺乏

钙元素缺乏早期症状同铁元素缺乏类似。随着缺素时间的延长，幼叶停滞生长，开始黄化。成长中的幼叶还会出现焦尖。成叶叶尖扭曲，最终，顶芽死亡。

杜鹃花也很少出现钙元素缺乏，它们对钙元素的需求量相对其他植物而言也很低。

（五）镁元素缺乏

缺乏镁元素会使得老叶失绿变黄，变黄是从叶尖开始的。叶脉最初保持绿色，不过最终也会失绿。下部叶片的叶尖和叶边出现棕色的死亡组织，然后很快凋落。有时，黄化叶片，特别是上部的叶片，在其上表面会出现紫红色的斑点。长势最旺盛的枝条会出现严重的落叶。

踯躅杜鹃需要的镁元素显著多于钙元素，但需求量较其他植物种类少。

（六）铁元素缺乏

铁元素缺乏会让幼叶脉间失绿，幼叶会呈现黄色、奶油色或白色（图 2-4）。枝条下部叶片仍为绿色，它们是最后被影响到的叶片。正如前面提到的，钙、镁和钾元素缺乏的症状与铁元素缺乏很像。

杜鹃花黄化症的众多原因之一就是缺乏铁元素。在多种环境下都可能缺铁，如高 pH 土壤、钙质土、积水伴随着通风不良，这都会减少土壤中可利用的铁。此外，植物组织 pH 过高也会导致缺铁，高 pH 能引起溶解铁析出，从而导致铁缺乏和黄化症。对叶片施用稀薄的酒石酸铁或螯合铁，就可以诊断引起黄化症的原因。如果是由缺铁引起的黄化，施用后一周内叶片就会恢复绿色；然而，如果是由组织高 pH 原因引起的缺铁，施用铁肥无法起到作用。

（七）锰元素缺乏

由于铁的吸收多少依赖于可利用锰元素的多寡，所以锰元素缺乏的症状同铁元素缺乏类似。不过，锰元素缺乏导致的黄化症并不严重，叶脉附近区域仍为绿色，对叶片施用硫酸锰可以帮助诊断是否缺乏锰元素。

由于低浓度的锰就有毒害作用，因此向土壤中施入锰肥前必须确认黄化症是由缺锰引起的而不是其他原因。

（八）硼元素缺乏

杜鹃花一般不会缺硼，但在碱性土壤中可能会缺硼。最初的症状为棕色斑点散布在新萌发的叶片上，斑点随后会变成半透明状，逐渐形成坏死区域并扩大，引起叶片扭曲。缺素后期顶芽枯死，尽管侧芽可以萌发，但最终这些症状也会出现在侧芽萌发的枝条上。花朵上的症状为花冠内部接近花瓣基部的位置会出现坏死或棕色。

（九）铜元素缺乏

以泥炭藓或泥炭为基质的盆栽杜鹃花有时会出现铜元素缺乏，这是因为这些基质含有的铜元素较少。铜元素缺乏的初始症状为主芽萌发的枝条顶部少数叶片的边缘出现失绿，随后这些区域坏死。缺素如果持续，叶片会显著变小、凋落，枝条会枯死。

叶片营养分析能有效诊断铜元素缺乏，如果铜含量水平低于 $3\sim5$ mg/kg 就可能会发生铜元素缺乏。

（十）锌或钼元素缺乏

杜鹃花还没有锌或钼元素缺乏症状的报道。

二、营养元素中毒

（一）氮元素中毒

已有丰富的案例证明硝态氮肥料能引起杜鹃花幼叶黄化和凋落；而铵态氮能产生更好的叶色，促进生长，不像硝态氮那样有毒。

硝态氮和铵态氮施肥的效果取决于根部环境的 pH，氮毒害引起的黄化症可能是碱性环境下导致的，高 pH 下无法利用氮元素时可能会导致叶片凋落。

（二）钙元素中毒

高浓度的钙会不利于铁的分布，促使铁元素在叶脉附近积累导致叶片黄化。叶片一旦黄化，成熟叶片难以从黄化中恢复绿色。

石灰质引起的黄化症是杜鹃花的常见病症。但是，有证据表明盆栽植株对撒石灰不敏感，并能忍受组织内高含量的钙。

同其他植物不同，踯躅杜鹃吸收的镁比吸收的钙更多，而高浓度钙会抑制镁的吸收。不同杜鹃花物种和品种对于添加石灰的反应存在差异，并且有些物种在自然状态下就是生长于石灰质土壤中。

（三）镁元素中毒

杜鹃花似乎对镁也有很高的耐受性。镁可以转移到叶片，被分隔到液泡中而解毒。

（四）铝元素中毒

铝在植物根尖积累，但对铝敏感植物而言，如杜鹃花，其毒性可以通过有机酸来缓解。这些有机酸包括柠檬酸、草酸、苹果酸以及琥珀酸，当土壤 pH 高于 5 时就可以为根解毒；施用硫酸铝使得土壤 pH 低于 5 时，就有可能导致铝中毒。这种现象的可以解释为根系的解毒机制开始运作，使得铝可以运输到植物的其他部位。

（五）硼元素中毒

盆栽植株往往施用具有高浓度硼的肥料或在一段时间内多次施肥，从而引起硼中毒。绝大多数商业肥料都含有硼元素，即使其商标没有注明含有硼元素可能也含有。在低 pH 状态下，硼的可利用性提高，而杜鹃花栽培基质往往就是低 pH 的。

随着水分运输和蒸发，硼被转移到叶片边缘和叶尖并在此积累。硼中毒的症状为叶尖发黄，随后叶边坏死，叶片早落。在叶片凋落前，叶尖和叶片会变为棕色（图 2-5）。

硼中毒的症状和其他很多情况类似，所以必须通过叶片营养分析，才能判断是否为硼中毒。硼的水平高于 80 mg/kg 时就可能导致中毒。施用低含量硼的肥料有助于预防硼中毒。

治疗措施包括剪除受伤的部位、灌硫酸铜溶液和石灰水。如果处理后硼中毒未被治愈，新萌发的叶片在翌年仍会出现硼中毒症状。顶端枝条会呈现莲座状，小枝会死亡，叶片会缩小扭曲，节间缩短。如果中毒严重，花苞会枯萎死亡。

（六）硫元素中毒

杜鹃花尚未有硫中毒的报道。

（七）氯元素中毒

杜鹃花一般很少吸收氯离子，缺乏杜鹃花氯中毒的确切信息。

参 考 文 献

Colgrove，M. S.，and Roberts，A. N. 1956. Growth of azalea as influenced by ammonium and nitrate nitrogen. Proc. Am. Soc. Hortic. Sci. 68：522 - 536.

Datnoff，L. E.，Elmer，W. H.，and Huber，D. M. 2007. Mineral Nutrition and Plant Disease. American Phytopathological Society，St. Paul，MN.

Gilliam，C. H.，and Smith. E. M. 1980. Sources and symptoms of boron toxicity in container grown woody ornamentals. J. Arboric. 6：209 - 212.

Gilliam，C. H.，Smith，E. M.，Still，S. M.，and Sheppard，W. J. 1981. Treating boron toxicity in *Rhododendron catawbiense*. HortScience 16：764 - 765.

Hanger，B. C.，Bjarnason，E. N.，and Osborne，R. J. 1981. The growth of rhododendron in containers in soil treated with either $CaCO_3$，Ca（OH）$_2$，or $CaSO_4$. Plant Soil 61：479 - 483.

Leach，D. G，1961. Rhododendron troubles and their remedies. Pages 279 - 288 in：Rhododendrons of the World and How to Grow Them. D. G. Leach，ed. Scribner's，New York.

Lunt，O. R.，and Kofranek，A. M. 1971. Manganese and aluminum tolerance of azalea cv. Sweetheart Supreme. Recent Adv. Plant Nutr. 2：559 - 573.

Lunt，O. R.，Kohl，H. C.，and Kofranek，A. M. 1968. The effect of bicarbonate and other constituents of irrigation water on the growth of azaleas. Proc. Am. Soc. Hortic. Sci. 68：537 - 544.

Nelson，P. V.，Minga，N. C.，and Krauskopf，D. M. 1976. Sampling procedures for foliar analysis of young azaleas. HortScience 11：40 - 41.

Rutland，R. B. 1971. Radioisotope evidence of immobilization of iron in azalea by excess calcium carbonate. J. Am. Soc. Hortic. Sci. 96：653 - 655.

Stuart，N. W. 1947. Deficiency symptoms on Kurume azalea，Coral Bells. Nat. Hortic. Mag. 26：210 - 214.

Ticknor，R. L.，and Long，J. E. 1978. Leaf analysis survey establishes standards for rhododendron production. Am. Nurseryman 148（2）：14 - 15.

Twigg，M. C.，and Link，C. B. 1951. Nutrient deficiency symptoms and leaf analysis of azaleas grown in sand culture. Proc. Am. Soc. Hortic. Sci. 57：369 - 375.

（编写：M. G. Hale）

第三节　空气污染造成的伤害

空气污染来源多样、形式多样，包括自然来源，如风暴、森林火灾以及火山活动等。但是，空气污染的主要来源是工业化和汽车的使用。

随着技术的提升，空气质量下降，各式各样的工厂将污染物排入周围环境中，而这些污染物带有不同的"烙印"。例如，使用煤作为能源时，就将二氧化硫和颗粒物排入空气中；而冶金工厂除了将二氧化硫排出外，还排放了氟化物和重金属；化工厂则是排放盐酸、氯气、氨气、氮氧化物以及其他一些化合物。

臭氧、硝酸过氧化乙酰（PAN）以及氮氧化物已经成为主要污染物质，这是汽车尾气在阳光下与空气发生化学反应产生的对植物有毒的气体。臭氧和氮氧化物随处可见，而PAN主要出现在美国西部地区。

酸雨——一种与空气污染有关的现象，于19世纪中期首次被观测到，但直到20世纪70年代开始大量烧煤，人们才意识到它是大的环境问题。当硫酸和硝酸（也包括其他化合物）排入大气，被云中的水滴吸收，再随降水落回地面，这就形成了酸雨。酸雨中的硫和氮多数来自工业污染。

二氧化硫和其他气体被视作首要污染气体，由点污染源产生。除非采取控制措施，否则只要提供原料燃烧，随处都可以成为首要污染气体的来源。

二氧化硫主要由化石燃料燃烧产生，如煤，特别是含有很多硫的低质量的煤。氟化物是很多矿物的组成成分，在高温燃烧时也能被释放。铝矿精炼厂、制砖厂、炼钢厂、陶瓷厂、肥料厂都是氟化物的来源。除此以外，氯气、氨气以及其他化学物质的泄漏会对植物造成损伤。

臭氧及 PAN 为次级污染物，它们是在大气中通过光化学反应产生的。任何形式的燃烧均能向大气释放氮氧化物，在光的催化下，氮氧化物与氧气反应产生臭氧和一氧化二氮。如果存在碳氢化合物且臭氧浓度很高，二氧化氮与烯烃反应就产生 PAN。

次级污染物能在离污染源很远的地方产生危害，首要污染气体则影响小一些，一般为几千米，并且对植物造成的伤害往往发生在靠近污染来源的方向。杜鹃花受气体污染物毒害的报道仅有几条。

一、空气污染伤害的一般症状和诊断

由空气污染造成的植物伤害现在还不能完全确诊，这是因为实验室测试能力受限（除了氟化物和氯气）。此外，因外界环境和土壤因素的不同，症状变化较大。但不管怎样变化，空气污染伤害基于暴露在污染物中的时长和污染物浓度的不同，可分为急性和慢性两种。慢性伤害能引起植物生长缓慢、叶片失绿变黄以及其他一些不致命的影响；而急性伤害常常引起叶片两面出现坏死斑点或叶边坏死。

空气污染的一般症状参考以下几点（下文将具体讨论）：

（1）二氧化硫对阔叶树种造成脉间坏死斑点，而氯气则会引起叶片整体失绿。

（2）臭氧会让叶片两面都产生坏死斑点，但是部分植物叶片上表面会出现白色。

（3）氟化物会让植物叶片边缘坏死，可以在坏死区域和健康组织间看见清晰的边界。

（4）PAN 首先影响幼叶的背面，处于生长扩大中的叶片会呈现光滑的釉面或青铜色。

（5）乙烯是植物自然产生的一种生长调节物质。当浓度很高时，它将起到调节作用，如生长缓慢和叶片偏上性发育。乙烯是一种不完全燃烧的副产物，温室和封闭建筑中使用有缺陷的加热装置时，常常产生乙烯。

（6）空气污染相对轻时常常引起叶片坏死。而低浓度的空气污染虽然不会造成可见的伤害，但能引起植物发育不良。

除了污染物浓度和暴露时长以外，还有一系列的因素影响伤害的严重程度。因为气体污染物通过气孔进入植物体内，影响气孔开合的因素就显得很重要。例如，高的相对空气湿度和土壤含水量将加剧空气污染造成的伤害；相反，高温下（促使气孔关闭）空气污染造成的严重伤害少得多。这正如笔者在相当热的地区和冷凉地区的夏季所观察到的那样。据报道，高光照使得 PAN 对植物的伤害变得更严重，而植物年龄也是影响其敏感性的另一个主要因素。发育接近成熟的叶片对大多数污染物质最为敏感。同样，不同季节也会存在区别。污染物在夏季造成的问题最严重，因为大多数主要污染物在这个季节浓度最高，而植物在夏季生长活跃容易受害。

除了各种环境和植物的因素能影响污染的敏感性以外，不同污染间的反应还能产生协同和拮抗作用。臭氧和二氧化硫混合物的损害能叠加或显著叠加（但也有少数案例没有叠加）。

二、空气污染伤害的详细症状和诊断

（一）臭氧伤害

臭氧给杜鹃花带来的伤害表现为整株植物的尺寸变小（图 2-6），伴随着叶片上表面出现棕红色斑点或点子（直径可达 2 mm），如图 2-7 所示。点子生于完全展开的成熟叶片上，而正在展开的叶片或老叶上不会出现点子。

有一些杜鹃花品种较其他品种对臭氧更敏感。当 21 个杜鹃花品种连续 3 d 置于 0.2 mg/kg 浓度的臭氧下，每天曝露 6 h，只有高山杜鹃品种 'Nova Zembla' 和踯躅杜鹃品种 'Dela-ware Valley White' 'Roadrunner' 以及 'White Water' 显示出受害症状；高山杜鹃品种 'Anah Kruschke' 'Cadis' 'Caroline' 'Chionoides' 和 'English Roseum' 和踯躅杜鹃品种 'Hershey Red' 'Hinodegiri' 'Kingfisher' 'Rhythm' 以及 'Tradition' 在实验条件下显示出耐臭氧的能力。

臭氧熏蒸对 6 个踯躅杜鹃品种的生长指数没有显著影响，但接种樟疫霉叠加臭氧熏蒸后，5 个品种的生长指数出现了显著下降（图 2-8）。另一项研究中，植株被置于 0.25 mg/kg 和 0.3 mg/kg 浓度的臭氧中熏蒸，时间为 8~12 h，即使是在这样高浓度的环境下（浓度远高于周围自然环境），踯躅杜鹃品种 'Hershey Pink' 'Hino Crimson' 'Rosebud' 以及 'Springfield Crimson' 也显示出较强的抗性。

（二）二氧化硫和二氧化氮伤害

尚未有二氧化硫和二氧化氮对杜鹃花影响的研究，但 8 个踯躅杜鹃品种对这些污染物敏感性的测试已经完成。这些杜鹃花暴露于单独或混合二氧化硫、二氧化氮和臭氧中，浓度为 0.25 mg/kg，重复暴露 6 次。二氧化硫、二氧化氮以及二者混合物均未对杜鹃花产生可见伤害。'Madame Pericat' 和 'Pink Gumpo' 对三者的混合熏蒸有着很强的抗性，而 'Hershey Red' 和 'Glacier' 抗性相对较弱。单一的二氧化硫、二氧化氮对 8 个品种均未造成可见伤害，但对枝叶的干重和枝条长度造成显著影响。

（三）氯气伤害

氯气能使杜鹃花叶片上表面产生深色点子，到目前为止，最常见的症状为叶片坏死随后枯萎。与高山杜鹃比较，踯躅杜鹃对氯气更为敏感。在直接接触氯气时，最典型的症状为脉间组织坏死，叶边缘组织坏死，产生失绿斑点及点子。而氯气偶尔泄漏的地方，受害范围约在 1 hm^2 之内。

（四）乙烯伤害

为比较踯躅杜鹃与其他观赏植物对乙烯的敏感度，测试的植物被放置于 21 ℃的暗室中 1~3 d，乙烯浓度为 3 mg/kg、9 mg/kg、15 mg/kg。随后移入正常环境下，观测 2 周。其中，最敏感的种类在 3 mg/kg 浓度处理 1 d 后，叶片和花朵凋落 70%；踯躅杜鹃在处理 3 d 后才出现伤害症状，它们是测试植物中对乙烯忍受力最强的植物。

（五）酸雨危害

酸雨在美国东部、加拿大东南部、斯堪的纳维亚半岛以及欧洲东部和亚洲东部发生最多。这些地方雨水的 pH 通常低于 4.5，硫、氮含量很高。

酸性的去离子水对盆栽踯躅杜鹃的影响已有报道。栽培品种 'Coral Bells' 'Hinodegiri' 'Pride of Mobile' 'Snow' 以及 'Southern Charm' 被灌入 3～6 mL 经过硫酸酸化的水，水的 pH 达到 1.8、2.2、2.6、3.0 或 4.0。仅有 'Hinodegiri' 在喷施 pH2.6 的水滴后有轻微伤害，其他品种在 pH2.6 及以上处理中均未显示出伤害迹象。pH1.8 的水滴直接喷在叶片上，24 h 内在叶片上产生了直径为 3～7 mm 的坏死区域。

自然界中的酸雨 pH 很少低于 3.8，杜鹃花受到酸雨危害的可能性很小。

（六）管理

同其他植物相比（如烟叶和大豆），杜鹃花对大部分污染物和酸雨的抗性相对较强。对于空气污染地区，最有效的管理方法就是选择抗性较强的品种。特别是对于大都市，应注意选择高抗臭氧品种，因为臭氧伤害的可能性较大。此外，空气污染也会提高植物对疫霉属真菌根腐病的易感性。目前没有商业性的化学药剂用于提高植物对空气污染的抗性。

参 考 文 献

Jones，R. K.，and Benson，D. M. 2001. Diseases of Woody Ornamentals and Trees in Nurseries. American Phytopathological Society，St. Paul，MN.

Moore，L. D.，Lambe，R. C.，and Wills，W. H. 1984. Influence of ozone on the severity of Phytophthora root rot of azalea and rhododendron cultivars. J. Environ. Hortic. 2：12 - 16.

Rhoads，A. F.，and Brennan，E. 1976. Response of ornamental plants to chlorine contamination in the atmosphere. Plant Dis. Rep. 60：409 - 411.

Sanders，J. S.，and Reinert，R. A. 1982. Screening azalea cultivars for sensitivity to nitrogen dioxide，sulfur dioxide，and ozone alone and in mixtures. J. Am. Soc. Hortic. Sci. 107：87 - 90.

（编写：L. D. Moore）

第四节　杀虫剂毒性危害

杀虫剂对杜鹃花的伤害源自种植者误用杀虫剂，或者用药对象是敏感型的品种。除草剂、杀菌剂、防腐剂和生长调节剂等如果不正确使用也会对植物造成伤害（图 2-9）。根据化学药剂的性质不同，伤害的症状也不同，症状表现为生长缓慢、焦叶和叶斑。

为了避免杀虫剂的毒性危害，种植者应谨记以下几点：

（1）在用药前，对植物充分灌水。

（2）使用烟雾熏蒸或气溶胶药剂前，应保证植物叶片干爽。

（3）切忌在一天中的高温时段喷洒药剂。

（4）炎热天气时，避免使用罐式混合药剂的方法。

（5）可湿性粉剂和乳油之中，尽可能使用可湿性粉剂，因为它们毒性更低。

杀菌剂磺胺乙基噻二唑以 30 μg/mL 或 300 μg/mL 浓度作为灌根剂,对 'Nova Zembla' 的扦插枝条有毒害作用,但对二年生苗无毒害作用;而 'Cunningham's White',无论是扦插基质条还是二年生苗均无毒害作用。

参 考 文 献

Ahmed,N. D. , and Kuitert, L. C. 1976. Phytotoxicity of five organophosphorus insecticides of some ornamental plants. Phytoprotection 57:62 - 65.

Englander,L. , Merlino, J. A. , and McGuire, J. J. 1980. Efficacy of two new systemic fungicides and ethazole for control of Phytophthora root rot of rhododendron, and spread of *Phytophthora cinnamomi* in propagation benches. Phytopathology 70:1175 - 1179.

Frank,J. R. , and Beste, C. E. 1984. Weed control in azaleas grown in raised field beds. J. Am. Soc. Hortic. Sci. 109:654 - 659.

Monaco,T. J. 1974. Response of container - grown azalea and ivy to four preemergence herbicides in three planting media. HortScience 9:550 - 551.

(编写:L. D. Moore)

第五节 遗传性的异常

一、组织增生

20 世纪 80 年代末的美国,在组织培养的杜鹃花中出现了一种以组织增生为特征的疾病。症状同冠瘿病类似,冠瘿病是由根癌农杆菌引起,而组织增生与之不同。

(一)症状

冠瘿病和组织增生的主要相似点为:在大植株基部长出胼胝体样的增生组织 [图 2 - 10（上）]。这些增生组织仅在某几个特定的品种上出现,无鳞类杜鹃花发病多于有鳞类,并且一批植物中仅有少数个体会发病。这种疾病不会传染。组织增生疾病的增生组织上会有萌蘖冒出 [图 2 - 10（下）],冠瘿病则不会。从杜鹃花增生组织上分离的细菌接种到番茄后呈阴性,这表明这些细菌并不是冠瘿病的病原体。

一群来自俄勒冈州和华盛顿州的科学家、种植者和检查人员对此展开了会议讨论并将此疾病命名为组织增生（Tissue Proliferation,TP）,与冠瘿病相区分。组织增生与冠瘿病的不同表现在以下 6 点:

（1）组织增生仅在少数几个品种中发病,并且在苗龄大于两年的植株上才显示出症状。

（2）该病症主要发生在组织培养繁殖的植物上,但并不唯一。

（3）增生组织能维管化,同时也会产生萌蘖（类似于许多野外植物上找到的木块茎）。

（4）发病植株的活力似乎没有受到影响,并不像是一种疾病。

（5）增生组织中分离出的病理性细菌还未被确认,其 DNA 分析无法与已知的冠瘿病病原体相配对。

（6）在生产区域无明显传染病迹象，除了嫁接外，其他方法都无法传播病害。而病毒和支原体可能通过嫁接的方式传播。

（二）病原体

第一次会议围绕着组织增生的起因而召开，随后又召开了几次会议进一步讨论此病无病原体的可能性。相似的症状在山月桂和马醉木也有发生，但比杜鹃花发生的频次低很多，这种现象可能是在组织培养过程中由某些遗传或表观遗传改变造成的。组织培养中的遗传改变较常规繁殖方式更频繁，所以有些植株便受这些遗传或表观遗传的影响而表现出组织增生。在某些苗圃的加速栽培影响下，如无土轻型基质、高肥料、杀虫剂和生长调节剂，相对于那些不采用加速培养的苗圃，即混合泥土以及使用少量肥料、杀虫剂和生长调节剂，前者苗圃中的植株更容易产生此疾病。

这一发现是源于一个试验，人们把易受影响的组培苗送入两个苗圃中培育，其中一个苗圃采用加速栽培，另一个苗圃不采用加速培养。在加速培养的苗圃中发生了组织增生，而另一个苗圃没有发生组织增生。

（三）流行病学

尽管组织增生的起因还没能够确定，不过，大部分人认为这种疾病是由繁殖过程中的遗传或表观遗传的改变而引起的，特别是组织培养繁殖的苗木。加速培养下会触发这些苗木组织增生。准确的触发因子还未确定，但有一项对快速生长植株使用生长抑制剂的研究发现，生长抑制剂是一种触发因子。

最近几年，组织增生的概率已经降为零，可能是因为组织培养的条件已经发生改变。组织培养中激素浓度下降可能与此有关。本质上，消除遗传或表观遗传的改变就能预防组织增生的发生。

（四）管理

建议种植者避免采用加速栽培的方式，因为这样就使得组织增生不会发生，也不需要其他的管理措施。

二、丛枝病

杜鹃花有时会产生丛枝病，即不正常的小型枝条，它们同正常的枝条有明显区别（图2-11和图2-12）。研究人员认为，这是植物基因突变引起的而不是其他生物造成的；而另一种说法认为，此病是由外担子菌属引起。

参 考 文 献

Brand，M. H. 1992. Tissue culture variation：Problems. Am. Nurseryman 174（5）：60 - 63.

Brand，M. H. ，and Kiyomoto，R. 1992. Abnormal growths of micropropagated elepidote rhododendrons. Proc. Int. Plant Prop. Soc. 42：530 - 534.

James，S. 1984. Lignotubers and burls：Their structure，function and ecological significance in Mediterranean ecosystems. Bot. Rev. 50：225－226.

LaMondia，J. A.，Likens，T. M.，and Brand，M. H. 1992. Tissue proliferation/Crown gall in rhododendrons. Yank. Nursery Q. 2 (2)：1－3.

LaMondia，J. A.，Smith，V. L.，and Rathier，T. M. 1997. Tissue proliferation in rhododendron：Lack of association with disease and effect on plants in the landscape. HortScience 32：1001－1003.

Linderman，R. G. 1993. Tissue proliferation. Am. Nurseryman. 176 (9)：57－67.

Mudge. K. W.，Lardner，J. P.，Mahoney，H. K.，and Good，G. L. 1997. Field evaluation of tissue proliferation of rhododendrons. HortScience 32：995－998.

（编写：R. G. Linderman）

第三章　病害和虫害管理

第一节　管理策略概况

　　疾病和虫害管理是指选择和使用恰当的技术，将病害和虫害控制在可接受的程度之内。这些技术应基于对病原体和害虫本身的了解，对病害和虫害流行病具体特点的认识以及有效性的确定。杜鹃花虫害和疾病的管理同其他植物的病虫害管理一样，包含了很多方法，如驱赶、扑杀、消毒、化学防控、生物防控、植物自身抗性以及栽培方式。苗圃生产中可选择的方法比景观绿地中可选用的方法多。在苗圃中，应采用最佳管理措施，使其贯穿于植物整个生产过程中，即从小苗繁殖到销售的整个过程。

　　在苗圃内，杜鹃花能通过容器或地栽的方式培育，或先由容器育苗随后转入地栽栽培。无论是哪种方式，培育出无病植株是很有必要的，这样做能够预防后期生产中的很多疾病。培育无病植株的过程要消除 3 个主要的病原体来源：有病的容器、有病的栽培基质和有病植株上的病原体。

　　生产者必须实施以下扑杀和消毒措施，避免从外界引入病原。基本的措施包括：处理生产过程中输入的水和泥土、移除染病植株（染病植株会产生病原体，引起新一轮的感染）。使用化学或生物防控药剂或许能够抑制病原体感染和昆虫的危害，某些药剂还能促进植株生长（这一话题将在后文详细讨论）。

　　采用一系列栽培措施能使种植者远离植物病虫害困扰或降低病虫害程度：

　　（1）苗圃应引进质量高、无病、无虫的苗木（通常很多苗木在引入时就已经染病）。

　　（2）确保地栽和容器排水良好，良好的排水能避免根系疾病的发生和传播，如由腐霉属和疫霉属真菌引起的疾病。将容器苗放置在卵石垫层上能使灌溉水迅速排出，这一点很关键；容器苗切忌置于泥土或不透水的塑料地布上。

　　（3）如果在苗圃扦插繁殖苗木，那么繁殖区域应该保持无枯枝落叶（枯枝落叶可能会成为病原体来源）。剪下的插穗或购买的插穗都应该用化学药剂消毒，防止引入病原体。

　　（4）推荐使用蒸汽消毒法对扦插苗床和塑料容器进行消毒，这样可以防止将病原体引到下一批苗木中去。同理，确保栽培基质无病原体，绝不循环回收使用可能存在病原体的栽培基质。除此以外，繁殖区内所有易积累枯枝落叶的地点均应消毒，这一点也很关键。

　　（5）如果某区域出现疾病，无论是容器苗还是地栽苗，染病植株均应被移除，以阻止病原体扩散。

　　（6）灌溉水应来自深井或已消毒的灌溉水池。

　　最后，种植者发现病虫害初期症状时就必须在病害扩散和虫群扩大前第一时间采取治疗措施。这一建议主要是针对叶部疾病，即病害和虫害能够被人观察到。对于土壤害虫和根部疾病，早期是无法观察到的，直到地上部的症状出现时，人们才发觉植物生病了。

下一章将更深入地阐述管理病虫害的具体措施，主要阐述疾病方面的内容。

（编写：R. G. Linderman and D. M. Benson）

第二节　驱赶、杀灭和检疫法规

杜鹃花是世界植物健康法规的目标植物之一。这些法规关注了杜鹃花属植物的两个方面：一是杜鹃花的病害和虫害，二是杜鹃花成为入侵植物的能力。

在国家通过法规之前，会先做有害生物风险评估。评估将采用最好的科学方法判断引入目标生物的可行性，判断它在某地区内生存和后续扩散的可能性以及目标生物引入和扩散后对经济和环境的破坏能力。完整的评估用于鉴定和证明那些政策，即用于规避风险但允许贸易的政策。有害生物风险评估会随对目标生物科学知识的改变而变化，评估的变化又导致法规的变化。

从一个国家、州、省、地区运输植物至另一个国家、州、省、地区会存在风险，而用来规避这一风险的标准化工具就是检疫。检疫的目的就是阻止疾病的引入、传播和入侵害虫的进入。一个国家的检疫包括驱赶，通常仅在国内无目标生物的情况下采取驱赶策略。在某个国家特定地区出现了目标生物的情况下，检疫常常包含其他策略，在保证害虫传播最小化的同时允许已检疫地区商品的运输。当目标生物在有限范围存在，又有许多可以成功消除威胁的工具时，便会采取杀灭策略。

允许输入杜鹃花属植物的国家通常要求供货方提供一份官方的植物检疫证书。该证书由国家植物保护组织（National Plant Protection Organizatoin，NPPO）发行，能证明输出国运输的植物、植物制品或其他有规定的物品符合输入国植物检疫的要求。

许多国家制定了检疫法规以保护本国的自然和农业资源，避免使杜鹃花属植物成为载体传播病虫害，英国就将黑海杜鹃花列为入侵植物。世界各国制定的检疫法规将在下面进行讨论。

一、亚洲

亚洲国家用于规避杜鹃花属植物风险的常用策略就是驱赶、退回商品或禁止从其他国家输入植物或植物体的一部分。中国和韩国禁止从其他国家进口杜鹃花属植物以保护农业商品和自然资源远离栎树猝死病（图 3-1）。中国台湾地区允许输入杜鹃花的花朵、果实、种子以及无树皮的部分，但禁止从有栎树猝死病的国家进口用于繁殖的植物材料，如完整植株和扦插枝条。韩国的检疫法规更严格，规定禁止从有栎树猝死病的国家进口完整植株、木头、扦插枝条、杜鹃花的花朵，带有检疫证书的种子允许进口。

日本要求进口的皋月杜鹃为裸根苗或带有经过检疫的基质。除此之外，还需附带无穿孔线虫的检疫证书。检测方式有以下 3 种：①在种植前或生长季节检测种植的泥土；②在生长季节检测植株；③在出口前检测植株。组培瓶苗附带日本国家植物保护组织出具检疫证书的也能够出口到日本。

二、欧洲

欧洲联盟（以下简称欧盟）采用植物通行证系统来管理杜鹃花（除映山红之外）和其他目标植物在欧盟成员国内的运输。植物通行证用于代替官方检疫证书，并且必须与货物一起运输，除非通行证上注明货物与通行证可分开。

使用植物通行证系统的商业贸易必须遵守有关要求，即生产、市场营销和种类信息都必须记录。销售和购买的记录必须保存 1 年。生产上，要求强制性地遴选出有病症植株，监测生产过程中影响苗木质量的关键节点，收集和检测检疫样本，维持苗木在生产中的身份唯一性。监测活动的记录也需要保存 1 年。对市场营销而言，苗木必须实质上无虫害、病害，繁殖用的苗木有足够的生命力和活力，品种准确。此外，运输的苗木应为同源、同一批次生产的，不可种源混杂。进口商需在引进植物的一个月内告知当地的国家植物保护组织。最后，贸易活动需要保留能鉴定品种的信息。对于具有保护权的品种这一点非常重要，鉴定信息应该包括品种的描述或繁殖系统，以及与类似品种的不同点。

欧盟对非欧洲国家设定了栎树猝死病病菌和其寄主杜鹃花属植物的检疫法规。美国有 15 个郡县自然环境中存在栎树猝死病病菌，其中 14 个在加利福尼亚州、1 个在俄勒冈州。检疫要求杜鹃花属植物具备植物检疫证书，证明运输的货品来自无栎树猝死病病菌的地区或货品由官方检测无栎树猝死病病菌。

挪威对所有木本植物进行检疫，包括杜鹃花属植物。户外植物的产地必须没有科罗拉多土豆甲虫（*Leptinotarsa decemlineata*）和日本甲虫（*Popillia japonica*）（图 3 - 2），没有白土豆囊肿线虫（*Globodera pallida*）和黄土豆囊肿线虫（*G. rostochiensis*），没有壶状菌（*Synchytrium endobioticum*）。除此以外，杜鹃花不能感染栎树猝死病病菌。检测的方法为查看每一批运输的杜鹃花或在生长季节检查培育杜鹃花的地区两次。与上述相关疾病虫害的所有信息必须在检疫证书上注明。

黑海杜鹃是一种常见的观赏植物，它原产于保加利亚、格鲁吉亚、直布罗陀、黎巴嫩、葡萄牙、俄罗斯南部、西班牙南部以及土耳其。它被英国列为入侵植物，它的花蜜对人类、蜜蜂、老鼠和猫有毒。黑海杜鹃的种子具有很高繁殖潜力，寿命也长。不管是在原产地还是引入地，黑海杜鹃均被认为是具有侵略性的植物。目前，黑海杜鹃在英国分布很广，当地也在展开清理工作。因为它具有很强的萌蘖能力，要根除它必须掘出或烧毁它的根系，或用除草剂处理。英国国内禁止商业销售黑海杜鹃。除了将黑海杜鹃划为入侵植物以外，黑海杜鹃还因易感栎树猝死病病菌而被认为是森林和种植园谷地内传播此病的载体。正是如此，英国突出了管制和消除黑海杜鹃的重要性。

三、北美洲

在北美洲，加拿大和美国均认为杜鹃花属植物是栎树猝死病的高危传播载体，制定了关于栎树猝死病的检疫制度，从而影响杜鹃花属植物苗木和植物材料的运输。

加拿大认为不列颠哥伦比亚省西部和南部是加拿大栎树猝死病发生的高危地区。该地区向其他省份或国家输出和种植杜鹃花的苗圃以及其他输出和种植栎树猝死病病菌寄主植物的苗圃，均需要参与加拿大栎树猝死病国家认证计划。这一计划基于国际植物检疫措施第 10 项标准，包含四项关键：

（1）防止疾病进入栽培设施。

（2）每年对栽培设施取样并检测一次，附加人工检测以评价栽培设施。

（3）制定并贯彻执行苗圃工作指南。

（4）对栽培设施审计、监察，以确保其满足加拿大栎树猝死病国家认证计划的所有要求。

要求还包括编制苗圃综合病虫害管理指南，并且每年按照指南复核。指南正式通过后开始检查苗圃栽培设施，强制执行最佳防治管理措施以阻止栎树猝死病病菌的传入和扩散，还需记录苗木生长情况和可追踪信息，建立内部和外部的审计、监察以及对苗圃员工进行职业教育与技能培训。加拿大也禁止从栎树猝死病病菌自然存在地区，如美国的部分地区、瑞士和欧盟国家进口杜鹃花属植物。

如果是向哥斯达黎加出口杜鹃花，当地的进口商必须取得进口许可和检疫证书。哥斯达黎加关注的主要害虫为桑粉介壳虫（*Maconellicoccus hirsutus*）、草莓滑刃线虫（*Aphelenchoides fragariae*）、梨圆盾蚧（*Quadraspidiotus perniciosus*），检疫证书上必须标明货物经过检查无上述害虫或植物生产地无上述害虫分布。

美国加利福尼亚州、俄勒冈州和华盛顿州的苗圃需遵守关于栎树猝死病病菌的规定，特别是栽培和销售杜鹃花属植物的苗圃。在美国，各州之间运输的成品苗必须满足以下要求：首先，苗圃必须通过年检，提供少量样本供官方检测以验证无栎树猝死病病菌。其次，经过检测无栎树猝死病病菌的苗圃还需承诺并同意美国农业部动植物健康监察中心植物保护与检疫（APHIS-PPQ）的附加规定。这一额外规定要求苗圃做好相关记录并规定采购行为。这些苗圃的每批货物必须有联邦的封条以证明苗圃经过官方认证并遵守了其承诺。

加利福尼亚州的 14 个郡县和俄勒冈州的 1 个郡县由于自然环境中原本就存在栎树猝死病病菌，因此需接受联邦植物检疫。这些郡县向其他州运送货物时除了满足之前提及的要求外，还需要接受官方的检查和测试并取得认证。这 3 个州生产非栎树猝死病病菌寄主植物的苗圃也必须每年检查是否有类似栎树猝死病的症状，通过后才可以向其他州销售、运输产品。

APHIS-PPQ 具有检测苗圃和城市景观绿地环境中栎树猝死病病菌的专用文本，这些文本能区分受影响区域内是否有感染，以及泥土和水源中存在病原体的可能性，并提供根除病原体的方法。检疫出栎树猝死病病菌的苗圃需要向接收商品的州说明，所运输的杜鹃花和其他植物带有栎树猝死病病菌的可能性很高。

除了对国内栎树猝死病有检疫规定外，美国对于其他国家输入的杜鹃花属植物也有明确的要求。达到以下标准的杜鹃花禁止输入美国：

（1）播种或扦插超过 3 年的植株。

（2）压条繁殖脱离母株超过 2 年的植株。

（3）嫁接成活后，生长超过 3 年的植株或枝条。

如果植物根据 APHIS-PPQ 官方许可而进口，则不在此限制范围。只要达到官方许可，它们也可以输入美国。

2011 年，美国更新了关于苗木植物的进口规定，其中增加了新项：待有害生物风险分析后批准入境（NAPPRA）。第一版名单中包括杜鹃花属植物。不过，对进口杜鹃花属植物的要求很快就会改变。

四、大洋洲

新西兰通过驱赶的方式保护国内的农业和自然资源远离杜鹃花属植物会带来的问题。具体而言，考虑到杜鹃花可能有花瓣枯萎病（*Ovulinia azaleae*）（图 3 - 3）、栎树猝死病、白粉病（*Erysiphe* spp.）、锈病（Uredinales），新西兰禁止从特定的国家（包括美国）进口杜鹃花扦插枝条和完整植株。由于杜鹃花花枯病的流行，禁止从一切国家进口杜鹃花切花。但满足指定检疫要求，从新西兰政府拿到官方许可后，可以进口上述材料。经过检测无上述疾病，凭借检疫证书，组培苗可以输入新西兰。

澳大利亚对来自有栎树猝死病病菌和 *Phytophthora kernoviae* 地区的杜鹃花木材实行检疫，*P. kernoviae* 能使山毛榉发生溃疡。只有产地无这两种病菌或木材经过 56 ℃高温灭菌 30 min 后才颁发检疫证书，即木材无活体昆虫、树皮以及无其他曾经检出的危险检疫材料。澳大利亚关注无脊椎昆虫如非洲大蜗牛，要求一些国家对出口的杜鹃花木材进行熏蒸处理。而杜鹃花商品苗在获得许可后，可以输入澳大利亚。除了达到许可的要求，杜鹃花必须无泥土运输、无病症以及无其他形式的污染外，它们需要种植在新容器内并附有正确的拉丁名标签。

法属波利尼西亚对杜鹃花属植物的检疫要求同澳大利亚的要求相似，也需要获得输入许可，才可以运输杜鹃花属植物。法属波利尼西亚特别关切以下几种病虫害：杜鹃花炭疽环斑病毒（RoNRSV）、锈病真菌（*Pucciniastrum vaccinia*）、草莓滑刃线虫（*Aphelenchoides fragariae*）和疫霉属真菌（*Phytophthora cinnamomi*）。输入的皋月杜鹃不仅要求获得输入许可，还要对植株施用杀虫剂和杀菌剂，但在获得检疫证书前不可提前使用杀虫剂和杀菌剂。

五、其他国家

南美洲哥伦比亚要求进口商获得许可后，才可以携带杜鹃花属繁殖材料入境。智利要求入境植物取得检疫证书，证明其没有病虫害，包括：昆虫，寄生性的植物如 *Acertobium* spp.、*Cuscuta* spp.、*Orobanche* spp. 以及 *Striga* spp.；草莓滑刃线虫（*Aphelenchoides fragariae*）、瘿瘤病病菌（*Exobasidium vaccinia*）、锈病真菌（*Pucciniastrum vaccinia*）。根据植物的来源国不同，可能还有其他检疫的对象。达到明确的要求后，哥伦比亚和智利都允许组培苗的输入。

南非对于几种感染杜鹃花属植物的病害、虫害很关切，包括：栎树猝死病、蜜环菌属（*Armillaria*）的一些种类，杜鹃花花瓣枯萎病（*Ovulinia azaleae*）、叶片侵染病菌［*Phloeospora azalea*（syn. *Septoria azalea*）］、棉花根腐病真菌［*Phymatotrichopsis omnivora*（syn. *Phymatotrichum omnivorum*）］、壶状菌（*Synchytrium endobioticum*）、锈病

（*Chrysomyxa rhododendri*），一系列线虫（*Aphelenchoides* spp.、*Ditylenchus* spp.）以及其他螨类、蓟马和潜叶虫。只有经过检疫后，确认杜鹃花无以上病虫害或产地不存在这些病虫害，才可以输入南非。运输的植物需要是裸根苗或无泥土基质栽植的苗。组培苗需要经过检疫，证明其母本无病毒或其他疾病。

参 考 文 献

Canadian Nursery Certification Institute（CNCI）. n. d. *P. ramorum* Nursery Certification Program. Clean - Plants. Ca. Available online at www. cleanplants. ca/Page. asp? PageID＝1226&. SiteNodeID＝126

Commonwealth Agricultural Bureau International（CABI）. 2013. Crop Protection Compendium：*Rhododen- dron ponticum*. CABI. org. Available online at www. cabi. org/cpc

Department for Environment，Food，and Rural Affairs（DEFRA）. 2009. Government Response to the Public Consultation：Review of Schedule 9 to the Wildlife and Countryside Act 1981 and the Ban on Sale of Certain Non - native Species. Part 1：Schedule 9 Amendments. DEFRA. gov，uk. Available online at http：//archive. defra. gov. uk/wildlife - pets/wildlife/management/non - native/documents/govresponse - schedule9％20. pdf

Department for Environment，Food，and Rural Affairs（DEFRA）. 2013. Plant Health Guide to Plant Pass- porting and Marketing Requirements，DEFRA，gov. uk. Available online at www. fera. defra. gov. uk/ plants/publications/documents/plantHealthPassportingGuideNov13. pdf

International Plant Protection Convention（IPPC）. 1999. International Standards for Phytosanitary Meas- ures—No. 10：Requirements for the Establishment of Pest Free Places of Production and Pest Free Pro- duction Sites. Secretariat of the IPPC，Food and Agriculture Organization of the United Na- tions. Available online at www. faperta. ugm. ac. id/perlintan2005/puta _ files/attach/ISPM％2010％ 20Requirements％ 20for％ 20the％ 20Establishment％ 20of％ 20Pest％ 20Free％ 20Places％ 20of％ 20Production％20and％20Pest％20Free％20Produc. pdf

Purdue University. 2010. EXCERPT：Export Certification Project. Purdue University，West Lafayette， IN. Available online at http：//ceris. purdue. edu/npdn

Secretary of State（U. K.）. 2005. Statutory Instruments：The Plant Health（England）Order 2005， No. 2530. UK Laws：Legal Portal. Available online at www. legislation. gov. uk/uksi/2005/2530/con- tents/made

U. S. Department of Agriculture，Animal and Plant Health Inspection Service. 2007. 7 CFR 301. 92：Sub- part—*Phytophthora ramorum*. GPO. gov. Available online at www. gpoaccess. gov/cfr

U. S. Department of Agriculture，Animal and Plant Health Inspection Service. 2011. Federal Domestic Quarantine Order：*Phytophthora ramorum*. 7 CFR 301. 92 DA - 2011 - 04. GPO. gov. Available online at www. aphis. usda. gov/plant _ health/plant _ pest _ info/pram/regulations. shtml

U. S. Department of Agriculture，Animal and Plant Health Inspection Service. 2011. Importation of Plants for Planting：Establishment of Category for Plants for Planting Not Authorized for Importation Pending Pest Risk Analysis. Regulations. gov. Available online at www. regulations. gov/♯! documentDetail；D＝ APHIS - 2006 - 0011 - 0267

（编写：N. K. Osterbauer）

第三节　环境卫生消毒

消毒是指对材料和设备使用特定的手段消灭病原体或昆虫，从而阻止疾病感染。这样做意味着能够杀死与宿主植物接触并引发疾病或感染的病原体或昆虫。前一茬种植了带病、虫的植物时，很有可能会遗留下病原或虫卵。

消毒还包括一些阻止病原体和昆虫进入生产区域的实践操作。例如，在具有土生型病原体的地区，切忌水管口与土壤接触；让工人勤洗手以去除他们接触植物时所携带的孢子。一些微小的孢子（肉眼不可见）污染植物或设备表面后可能会带来疾病，在植物繁殖过程中可能造成新的感染。类似地，扦插枝条可能会有一些无法看到的病症。因此，为了防止植株生病，扦插枝条和工具一定要消毒。清除昆虫和螨虫的卵同样重要。消毒的方法包括化学药剂浸泡和加热消毒。

一、植物材料

杜鹃花可以从成品商品苗、生产苗或组培苗中获取扦插枝条用于繁殖。如果插条来自染病或带有病菌的地区（如 *Cylindrocladium* spp.），则需要使用化学药剂消毒，如季铵盐、过氧化物、氯化合物（漂白剂、二氧化氯）。这些药剂可以杀死植物表面的病原体孢子，但所需的浓度和时间不同。

很多杜鹃花品种是通过组培的方式繁殖的。组培的优势在于：第一为了避免疾病；第二为了提高生根率，它能使很多难扦插的品种生根，组培嫩微茎可以大幅提高生根率。需要定期检查组培的瓶苗，被菌污染的瓶苗需要丢弃（图 3-4），这样才能确保组培苗是无菌的。

二、容器、基质和工具

用来种植和繁殖的容器可能会因上一茬植物而带病原体，因此在重复使用前应采取消毒措施。容器不仅只是栽培用的盆具，还包括播种盘和扦插盘等。病原体如腐霉属、疫霉属、帚梗柱孢菌属以及丝核菌属，会在容器缝隙内产生休眠结构，即使人们清洗容器也无法将病原体去除。

容器苗消毒有多种方法，不过方法不同消毒效果不同。将容器浸泡在化学药剂中并非能使所有人满意，很大程度上是因为杀死病菌需要很长的浸泡时间，同时人们也缺乏判断消毒成功的检测方法。热水浸泡消毒法消毒效果很好，但对大苗圃而言这种方法不够高效而且能耗很高。蒸汽消毒法将蒸汽引入消毒室内，室温可以控制在足够杀死病菌而不会损坏塑料容器。病菌、昆虫以及多数杂草种子在 60 ℃环境中，30 min 后死亡，并且消毒室内可以同时处理很多容器。栽培基质也可以通过蒸汽消毒。消毒时间应从消毒室内最冷部分的温度达到 60 ℃时开始计算（图 3-5）。

用于修剪、种植的工具也应该常常消毒，避免它们作为媒介传播病原体。枝剪等修剪工具应当浸泡于季铵盐、漂白粉溶液、过氧化氢或二氧化氯等消毒剂中消毒。

（编写：R. G. Linderman）

第四节 灌溉用水中的植物病原体管理

随着观赏园艺产业越来越依靠循环水用于灌溉，杜鹃花疾病如预期中的一样也越来越多。这样一种预期源于人们在灌溉用水中分离出多种能使杜鹃花致病的疫霉属真菌。

这一部分将概括对水生致病菌的管理方法。这些病原体是否会通过灌溉系统积累和传播，以及其积累和传播的程度，在很大程度上取决于种植者对设备和生产计划的选择。这一部分将很少被强调，以促进种植者在灌溉用水管理上发挥主观能动性。在一些生产中会运用水处理方法，但是这类方法是万般无奈之下最后才会采用。地栽杜鹃花与水处理也会在后面讨论。

一、设施建设和生产计划

灌溉是病原体传播的得力方式，也是病原体的重要来源。灌溉系统中，3 个控制病原体的关键点是储水器、生产苗床以及水处理技术。在这些关键控制点中，我们的目的是阻止病原体靠近水泵，减少病原体进入灌溉系统。通过正确选址、系统设计和生产计划，可以达到这个目的。当种植者做出这些选择后，不仅不需要额外花费，还可以为植物健康提供持续保障。下面将以案例形式讨论。

（一）将生产设施建在靠近干净水源的地方

选择干净的灌溉水是水和植物健康管理方法中最不常用的方法，尽管这是减少病原体数量相当有用的方法。但这个方法只在建设新生产设施并主动考虑水与植物健康问题时才对生产商有用。

大部分农业用水采用井水作为常用水源，除非井壁未砌筑或井口未封盖，一般井水很少含有植物病原体。水源为泉水和非农业地区地表水的自然水体被植物病原体污染的概率最小。与此相反，循环回收用水被污染的概率最大，但可以通过使用先进设备和良好的操作来降低这种危险。城市自来水通常含有残余氯，浓度 2～4 mg/kg，这种浓度足够杀灭疫霉属真菌的游动孢子以及其他病原体。循环用水并非是新的水资源，它在园艺生产中的角色确实值得人们重新思考。

（二）设法阻止病原体在循环灌溉用水系统中传播

循环灌溉系统是传播病原体的主要方式，而将病原体引入生产中的并不是水而是通过其他途径。切断其他途径如幼苗、栽培基质、容器、苗床上的枯枝落叶和土壤、工具、鞋子、动物以及其他一些病原携带品，使用组培幼苗、新容器、经过消毒的基质，这样可以持续降低患病概率，从而阻止病原体在灌溉系统的传播。在做生产计划时就需要将这一方法纳入其中。

（三）减少病原体进入灌溉系统

任何能延缓发病进程的栽培措施均能减少病原体进入灌溉系统。例如，选择不同的灌溉方式能对病原体传播造成不同影响，顶式喷灌能促使病原体随水珠飞溅传播并使叶片湿润时间延长，而滴灌和定时滴灌则不会。而且，后者比前者用水更高效，对一些日益缺水且水费昂贵的地区而言这一点对成功生产非常重要。此外，流入回收池中的径流越少，携带的病原体也就越少。为了节水，园艺学家推荐灌溉量以仅有 20％浸出为宜。

灌溉也是能降低植物健康危险的重要工具。一些病原体如疫霉属真菌和腐霉属真菌孢子囊和游动孢子的产生对每天光周期变化有响应。孢子囊主要是在白天产生，而游动孢子主要是在夜间产生。在实际生产中，夜间灌溉的杜鹃花其疫霉属疾病的传播速度比白天灌溉的快好几倍。精细设计的灌溉计划同样还能缩短植物叶片湿润的时间，以阻止水霉和其他植物病原体孢子的萌发，阻止它们开始侵染植物。

二、水处理技术

如上所述，水处理技术是控制病原体进入灌溉系统的第三个关键点。它也是园艺产业中常常使用的控制点。有多种方式可用于水体消毒，但仅有少数方式被评估用于农业生产。每种方式都有其优点和缺点，应该因地制宜选取水处理技术。

（一）氯消毒

氯可以使用氯气或次氯酸盐，如次氯酸钠或次氯酸钙（图 3-6）。根据最近的研究，在洒水口维持 2 mg/kg 浓度的游离氯，就能够很好地控制疫霉属病菌。游离氯是溶解的氯气、次氯酸、次氯酸离子在不同 pH 水中的动态组合。在这 3 种形式中，次氯酸是最具毒性的形式，在 pH 为 5~6 时有效性最强。同 pH＝6 时相比，pH＝8 时有效性剧烈下降（约 75％）。但是，径流隔离盆中的水常常呈现碱性，因此检测水的 pH 和酸化水以确保氯化消毒有效这一点很重要。

所推荐的浓度，一般不会对杜鹃花产生毒性。但氯气能爆炸，液体的氯也具有腐蚀性，因此在搬运、储存和使用氯的时候要特别小心。

除了上述缺点，氯消毒在消毒效果、可靠性、经济性上比其他方法好。鉴于这些优点，氯消毒仍将作为种植产业的主要消毒方式。

除了游离态的氯，市面上还有一些氯化合物产品用于氯消毒。例如，在 pH＝10 的水中，二氧化氯比游离氯消毒效果更好。这种化合物的限制因素就是价格比氯气高。

（二）细沙慢滤

20 世纪 80 年代末，为了给温室生产中循环用水消毒，细沙慢滤的方法被引入园艺产业中，近期在大田生产中运用也增多。这种方法是将水以 10~30 cm/h 的流速缓慢通过细沙滤层，将病原体以物理和生物的方式去除。过滤沙床深度应为 80~120 cm，并填充细沙。细沙的尺寸和一致性是过滤的关键。沙粒的大小为 0.15~0.30 mm，沙粒大小越一致，过滤的效果越好。

随着过滤沙床投入使用，在其表面会形成一层由有机生物和物质组成的"皮肤"。正是这层"皮肤"起着对抗植物病原体的生物过滤作用，即维持这层"皮肤"湿润很重要。但是，随着生物"皮肤"的生长，沙粒间隙可能会被堵住。为了维持过滤效果，根据待处理水的质量和生物的活性，每隔几周必须对沙床进行冲洗和清洁。

细沙慢滤相对其他几种水处理方法具有的优势是：它不需要仪器和药剂，即使是外行也可以轻易建设、安装；缺点就是高维护和处理水量有限（每平方米每小时处理100～300 L 水）。这项技术在那些地价便宜的区域是一个好选择。

（三）紫外线消毒

紫外线通过使微生物失活来对灌溉水进行消毒。具体而言，就是紫外线波长为200～300 nm 的 UV-C，针对微生物的 DNA 进行照射，阻止微生物繁殖。无法繁殖的细胞无法感染植物，因此不能对植物构成伤害。

紫外线消毒饮用水被证明是快速、可靠、有效、经济和环境友好的，但在农业用水的处理上受到限制。主要原因是可靠性，在清澈的水中，紫外线消毒效果良好，但在浑浊的水中效果大幅下降。此外，紫外灯寿命很短，水霉能在自然界中快速繁殖，无法单独使用紫外线处理灌溉用水。

紫外线处理量也是这个方法的短板。一个中等规模的苗圃每天需要使用 $1.9×10^6$ ～$3.8×10^6$ L 水用于灌溉，因此紫外线处理方法最好与其他水处理方法结合使用，如氯消毒。

（四）臭氧消毒

臭氧是大气层上部自然产生的一种不稳定气体。干燥空气和氧气通过高能电场时能产生臭氧，臭氧的氧化能力是氯气的 2 倍；除此以外，它比氯气反应更迅速，更少受到 pH 以及温度的影响。臭氧能控制藻类，把锰和亚铁离子及许多农业化学药剂如除草剂氧化。此外，臭氧对水还有助凝、助滤的作用。

臭氧不会产生污染环境的副产物（而氯和溴会产生副产物），但它有许多缺点。例如，由于其不稳定，所以只能就地生产，这就很昂贵。臭氧能快速腐蚀黄铜、橡皮和多种塑料，大多数灌溉系统常用材料均易被臭氧腐蚀。最后，因为臭氧分解很快，所以难以估计管道中残余臭氧的消毒效果。

（五）在杜鹃花生产中的运用

尽管当前有很多种水处理技术，但很少能应用于杜鹃花生产中，任何一项技术都无法单独使用。只有系统性的方法才可以有效管理灌溉用水中的植物病原体。具体而言就是，病原体循环和作物健康的威胁应该在设施、设备建设和生产计划的每一主要阶段，以及水处理设备安装中给予考虑。

参 考 文 献

Fisher, P., ed. 2009. Water Treatment for Pathogens and Algac. Water education Aliance for Horticulture. University of Florida, IFAS Extension, Gainesville.

Hong, C. X. 2011. Mitigating irrigation pathogens without water treatment in: Proc. Annu. Meet. Int. Plant Propag. Soc. - South. Reg. N. Am., 36th. IPPS-SRNA. Columbia, SC.

Hone. C. X., Lea-Cox, J. D., Ross, D. S., Moorman, G. W., Richardson, P. A., Ghimire, S. R., and Kong, P. 2009. Containment basin water quality fluctuation and implications for crop health management. Irrig. Sci. 29: 485-496.

Hong. C. X., Moorman, G. W., Wohanka, W., and Büttner, C., eds. 2014. Biology, Detection, and Management of Plant Pathogens in irrigation Water. American Phytopathological Society, St. Paul, MN.

Hong，C. X.，Richardson，P. A.，Kong，P.，and Bush，E. A. 2003. Efficacy of chlorine on multiple species of *Phytophthora* in recycled nursery irrigation water. Plant Dis. 87：1183 - 1189.

Nielsen. C. J.，Ferrin，D. M.，and Stanghellini，M. E. 2006. Cyclic production of sporangia and zoospores by *Phytophthora capsici* on pepper roots in hydroponic culture. Can. J. Plant Pathol. 28：461 - 466.

Ufer. T.，Werres，S.，Posner，M.，and. Wessels，H. - P. 2008. Filtration to eliminate *Phytophthora* spp. from recirculating water systems in commercial nurseries. Plant Health Progress. doi：10. 1094/ PHP - 2008 - 0314 - 01 - RS.

White，G. C. 2010. White's Handbook of Chlorination and Alternative Disinfectants. 5th ed. John Wiley，New York.

Wohanka，W. 1992. Slow sand filtration and UV radiation：Low - cost techniques for disinfection of recirculating nutrient solution or surface water. Pages 497 - 511 in：Int. Cong. Soilless Cult，8th. ISOSC，Wageningen，Netherlands.

（编写：C. X. Hong）

第五节　化学防控

杀菌剂的有效性取决于是否完成一系列步骤，这一系列步骤从尽早鉴定问题开始，随后为正确诊断，了解杀菌剂的特点，以及在正确的地点以合适的浓度和间隔（施药间隔）使用杀菌剂；最后，尽可能采用综合病害管理，基于这种管理施药后都会取得不错的效果。

一、预防性施用杀菌剂

在生产中，似乎所有情况都值得施用预防性杀菌剂。但实际上，在很多情况下施用预防性药剂的效果并不理想。

例如，种植者施用预防性的药物预防某种疾病，而植物却发生了另一种疾病。施药后种植者被安全的假象所蒙蔽，未注意到新疾病的早期阶段，从而引起巨大的经济损失。即使有预防计划，仍需定期、全面检查苗情。种植者必须清楚每种疾病在植物上的表现症状和可能发病的时间。苗情检测需要在一天当中光线充足的时间段进行，以利于发现疾病早期症状。

此外，在无须施药的时候施药，会造成浪费。即使在无杀菌剂时，也可以避免疾病。在天气不利于疾病发生或植物对某些病原体有抗性时，就不会发生疾病。例如，在天气又热又干时，通常会发生卵孢核盘菌属花瓣枯萎病；而在气温低时，会产生丝核菌叶枯病。根据利于发病的天气而计算施药时间是避免不必要浪费和避免承受巨大损失风险的最佳方法。有时，人们会把用杀菌剂作为一种"廉价保险"。即使如此，笔者建议种植者永远不要依赖杀菌剂，不要把杀菌剂作为良好栽培措施和对作物生长习性认知的替代品。

还有一种情形，当对某种植物施用某种杀菌剂后，引起生长量减小或引起植物中毒。当疾病处于低水平时，植物的质量和产量的损失可能很小；但植物化学中毒后，会对质量和产量造成严重的损失。当植物无疾病时，种植者能延长生产周期，减少开花或减慢生根。

最后，有效施用杀菌剂的关键点为：知晓预防药剂的施用时间、关注天气、经常而定期地查看苗情。

（一）施药浓度和施药间隔

有效的施药计划包含施药浓度和施药间隔两个关键元素。施药浓度太低容易导致疾病暴发和真菌耐药性，而较低浓度的药比较高浓度的药更有效。在另一些情况下，对某些特殊疾病最好采用较高浓度的药。

产品标签上注明的施药浓度和施药间隔是由全美国甚至是全世界多次试验后才得出的结果。更重要的是，只有标签上的浓度才是合法的。如果某种药剂无法有效控制疾病，那么应该试一试另一种药。

（二）使用佐剂

只有在控制条件下重复试验后才能判断什么情况下需要使用助剂（湿润剂）。灌根时，助剂能提高药剂穿透基质的能力，保证分布均匀，减少药剂从孔隙中流走。一些药剂易溶于水（如精甲霜灵），加入助剂后会减少容器中的药剂，导致药效减弱。有些药剂需要在容器上部才能起到作用，如在控制丝核菌茎腐病的药中加入助剂，使得药剂在整个容器中均匀分布而根颈处的药剂量不够，因此对疾病的控制不佳。

叶用杀菌剂，使用前阅读产品标签非常重要。标签会注明是否需要添加助剂以及应该避免哪种助剂。很多叶用杀菌剂都混合了合适的助剂或分散剂/黏着剂以达到最佳的效果。对于未添加助剂的杀菌剂在增加助剂后能显著增加药效。助剂的加入对治疗一些疾病而言很重要，如锈病、霜霉病、白粉病以及葡萄孢属枯萎病。尤其是在锈病的治疗中，使用助剂很关键，因为药剂若未能穿透脓疱就无法生效。同理，向无法100%控制白粉病的药剂中添加助剂能显著提高其有效性。

（三）广谱杀菌剂与窄谱杀菌剂

在大多数情况下，对某种疾病施用针对性杀菌剂是最佳方法。使用窄谱杀菌剂不仅可以减少费用，还可以降低植物中毒的风险、降低对环境的影响、减少工人接触药物。不过，多种因素使得人们需要或更倾向于使用广谱杀菌剂，如缺乏明确的诊断、多种感染同时发生、施用药剂的费用（特别是劳务费用）以及没有针对某些病原体的窄谱杀菌剂。

在一些情况下，无法及时诊断病症来选择窄谱杀菌剂，特别是那些不能单独依靠症状而诊断的疾病，如一些叶斑和根系疾病。一年中发病的时间可以缩小诊断的范围，即判断可能是哪几种疾病。但是对于无法鉴定的叶部疾病，铜制剂常常是最佳选择。铜制剂是广谱杀菌剂中最好的案例，因为它能帮助我们同时控制细菌和真菌。

多种感染并存的现象也常常存在。管理疫霉属根腐病最有效的窄谱杀菌剂是烯酰吗啉，但它对腐霉属和丝核菌引起的根腐病则无效。对于这些疾病选择嗜球果伞素更好，这一类杀菌剂相对广谱，能控制疫霉属、腐霉属和丝核菌三类根腐病真菌。根和茎的感染在繁殖中也常常同时发生，可以通过罐式混合或预混合液来控制（混合氯唑灵、甲基硫菌灵或精甲霜灵、咯菌腈）。一次施用罐式混合或预混合液能对应所有可能的根系病原体，这是最好的施药方法。

最后，杀菌剂可能无法解决所有的疾病，新疾病也可能会出现。表3-1列出了Chase对观赏植物病原体研究试验中所得到的有效性结果，这些病原体能出现在杜鹃花上，

表 3-1 杀菌剂对杜鹃花病害的相对有效性

有效成分	葡萄孢属/卵孢核盘菌属	刺盘孢属/炭疽菌	帚梗柱孢属	叶点霉属	疫霉属	白粉病	腐霉属	丝核菌属	锈病
甲基硫菌灵	糟糕/一般		好/非常好	无效	无效	糟糕/非常好	无效	好/优秀	非常好/优秀
异菌脲	优秀	无效/一般	好/非常好					好/优秀	
丙环唑				一般/好		非常好/优秀			好/优秀
腈菌唑		无效/非常好		非常好/优秀		非常好/优秀		非常好	非常好/优秀
抑霉唑	一般/非常好					非常好			非常好
氯苯嘧啶醇						非常好/优秀		及格	
三唑酮	好					好/优秀			好/优秀
氟菌唑	无效/非常好	无效/非常好	好/非常好	无效		非常好/优秀	无效	及格/非常好	好/优秀
叶菌唑		非常好				优秀		非常好/优秀	
精甲霜灵					好/优秀		非常好/优秀		
肟菌酯	非常好			无效	无效/非常好	非常好/优秀	糟糕/好	好	及格/优秀
醚菌酯						非常好/优秀		无效/非常好	一般
氟嘧菌酯	无效	非常好/优秀				无效	非常好	非常好/非常好	好/优秀
嘧菌酯	及格/好	无效/非常好		无效/好	非常好	非常好/优秀	一般/非常好	非常好/优秀	优秀
唑菌胺酯	糟糕/非常好	无效/一般		一般/优秀	无效/优秀	好/优秀	好	非常好/优秀	非常好
咪鲜胺锰	非常好/优秀				非常好/优秀		非常好		
咯菌腈		无效/好	非常好/优秀	一般/非常好	好	无效	无效	优秀	及格/优秀
氯唑灵	好/优秀				好/优秀	非常好	非常好	优秀	一般/优秀

（续）

有效成分	葡萄孢属/卵孢核盘菌属	刺盘孢属/炭疽菌	蒂梗柱孢属	叶点霉属	疫霉属	白粉病	腐霉属	丝核菌属	锈病
环酰菌胺	非常好/优秀		及格		及格	及格/非常好	无效	及格	及格/好
多氧霉素			无效			无效		好/优秀	及格/好
氟菌唑						非常好/优秀	非常好/优秀	好/优秀	好/优秀
三乙膦酸铝					非常好/优秀	糟糕/一般	无效/优秀		
膦酸钾					非常好/优秀		非常好/优秀		
烯酰吗啉					非常好/优秀		无效		
氟吡菌胺					非常好/优秀		无效/一般		
异菌脲/甲基硫菌灵	一般/优秀	好						优秀	
百菌清/甲基硫菌灵	糟糕/好	优秀		非常好/优秀	非常好		优秀		非常好
腈菌唑/代森锰锌	糟糕/非常好	一般/非常好		一般		优秀		一般	非常好/优秀
百菌清/丙环唑		非常好				优秀			好
咯菌腈/精甲霜灵	非常好/优秀		非常好	优秀	非常好		非常好/优秀		
啶酰菌胺/唑菌胺酯	非常好/优秀	非常好/优秀	好/优秀	优秀	无效	非常好/优秀	无效	非常好/优秀	非常好/优秀
嘧菌环胺/咯菌腈	非常好	一般/优秀	好			好		非常好/优秀	
氢氧化铜（不同浓度）	及格	好	一般		糟糕/好	糟糕/非常好	一般	优秀	糟糕/好
氢氧化铜（不同浓度）	及格	非常好/优秀	一般				及格/非常好	糟糕/一般	无效
硫酸铜	糟糕/好	非常好/好	糟糕/好		糟糕/非常好	好/优秀	及格/非常好	好	糟糕/非常好
Junction	及格			好	及格	及格/非常好		一般	
代森锰锌	好/优秀	一般/非常好		好	无效/非常好	一般/非常好	无效/优秀	糟糕/及格	好
百菌清	非常好/优秀	一般/优秀		好	无效/非常好		无效/优秀	优秀	非常好/优秀

但大多数的试验并不是在杜鹃花上进行的。

（四）杀菌剂和抑菌剂

用于缓解植物疾病病症的产品常被人称为杀菌剂或抑菌剂。杀菌剂能杀死真菌或阻止真菌生长，而抑菌剂能抑制真菌生长和繁殖而不会杀死真菌。

实际上，很多称为杀菌剂的产品更像是抑菌剂，因为它们必须定期使用以维持控制效果。施药方法也对化学应用的结果具有显著影响。这进一步模糊了杀菌剂和抑菌剂之间的区别。在用户偏好方面，基于施用效果，人们更多选择杀菌剂。

二、景观绿地中化学药剂控制疾病

景观绿地中，疾病的化学控制存在一些特殊挑战，因为杜鹃花育苗中发生的疾病仅有一部分会出现在景观绿地中。此外，很多杀菌剂并未标明是在景观中使用或宽泛地适用于杜鹃花。

景观绿地中的杜鹃花最常见的病害为疫霉属根腐病。这种病可由多种疫霉属病菌引起，而樟疫霉是最常见的致病菌。该病菌寄主范围也较宽，使得作物轮作这个控制方法效果也不佳。甲霜灵（精甲霜灵的前体）和三乙膦酸铝经景观绿地实地测试，可以有效防止植物死亡，但无法根除病菌。甲霜灵施用后可以持续抑制病原菌长达 18 个月。因为用药设备和花费的原因，目前的指南不推荐家庭园艺爱好者施用杀菌剂。

对珍贵的杜鹃花下土壤表层喷洒五氯硝基苯，能抑制卵孢核盘菌属花瓣枯萎病病菌（杜鹃花枯萎病菌）*Ovulinia azalea* Weiss 孢子的产生。但是，这种药剂已经被美国环保署管控并可能不允许注册为园艺用药使用。三唑酮可在杜鹃花苞花色显露时施用，以减少杜鹃花花瓣枯萎。由于三唑酮是具有系统作用的药，在花期仅需要适时施用一次即可。

在某些区域，杜鹃花的锈病是很严重的。喷施代森锰锌是很好的预防手段，不过三唑酮作为治疗性的药剂时效果更好。绝大多数其他病害在景观绿地中危害不大，如白粉病；或不容易被药剂控制，如拟茎点霉属和葡萄座腔菌属枯枝病。

三、作用模式和 FRAC 编码

杀菌剂的作用模式是种植者可以知道的最重要的细节之一。杀菌剂抗性作用委员会（fungicide resistance action committee，FRAC）运营了一个提供杀菌剂作用方式信息以及对北美地区使用的所有杀菌剂进行编码的网站：http://www.frac.info/home。

基于杀菌剂作用在真菌的不同部位，如核酸合成、细胞分裂、呼吸等，FRAC 进行了作用模式分组（MOA 组）。在每个 MOA 组内，每种杀真菌剂被分配基于特定靶位点的代码，编码顺序为杀菌剂引进的时间排序。当某种药剂不再用于植保时，其编码将到期并不再编码。

对于观赏植物的杀菌剂，最重要的编码为 M（铜制剂和代森锰锌）代表多位点抑制剂——能抑制真菌不同部位的药剂，因此对目标真菌（某些情况为细菌）而言，产生耐药性的概率较低。然而，事实上很多园艺杀菌剂只是单一作用模式，也就是说重复一种药剂会导致耐药性的产生。除此之外，一些真菌还可能因为繁殖或其他原因自然地产生耐药性，如腐霉属、葡萄孢属以及能引起白粉病的真菌球针壳属、粉孢子、白粉菌属。

种植者需要谨记，很多园艺用药中的有效成分作用范围很广，从苹果、葡萄至莴笋。如果某组 FRAC 代码药剂成员中某种杀菌剂在另一种作物上已显现出田间抗性，则很有可能（但不绝对）对这组代码成员中的其他药剂也有交叉抗性。交叉抗性是指抗某种药剂的真菌对同代码的相近杀菌剂也有抗性的能力，即使在从未接触过其他相近杀菌剂情况下，同样也能抵抗。而对同一组代码内不同药剂交叉抗性的强度可能不同，不同真菌种类、同种真菌不同生物型的交叉抗性不同。为了帮助种植者，FRAC 代码列表包括了对同一代码中杀菌剂的交叉抗性行为的注释。

大多数真菌耐药性产生的案例是由一种药剂或同组相似药剂不断重复施用造成的。一部分园艺生产商就发生这种情况，导致一些腐霉属病菌对精甲霜灵产生了抗性。

抗性管理基于一种前提，即一组药剂的作用模式与另一组药剂的模式不同以防止病菌或细菌同时对两组药剂产生抗性。因此，抗性管理是通过选择不同的 FRAC 编码组的药剂类型，轮流使用或罐混使用来完成。

具备同样编码的杀菌剂有时能够互相替代，产生类似的效果，而有时效果不佳。对于一些药剂而言，其效果和性能是清晰而明显的。尽管具有相同编码，但某些药剂对其他药剂有优势。例如，甲氧丙烯酸酯（FRAC11）是一种广谱杀菌剂，其有效性的范围是基于施用时是全身系统作用还是在叶片表面重新分布（药效在叶表作用）。相反，咪唑菌酮（FRAC11）是窄谱的药剂，仅对白粉病、疫霉属、腐霉属真菌有效。肟菌酯和醚菌酯均在叶片表面重新分布，但嘧菌酯则在木质茎内能有很好的系统作用效果。唑菌胺酯既没有系统作用又没有叶片表面重新分布的作用。因此，最有效的甲氧丙烯酸酯类药剂的功效可以随疾病而变化。

四、新 FRAC 编码

很多具备独特的 FRAC 编码的最新园艺用药，主要注册用于卵菌纲病菌。这类重要的植物病原病菌包括疫霉属、腐霉属、霜霉病病菌以及霜霉病病菌（*Bremia*，*Peronospora*，*Plasmopara* spp.）。

事实上，由于世界范围内的观赏植物市场相对较小，因此没有杀菌剂是专门针对观赏植物开发。相反，一些新的卵菌纲杀菌剂的开发有可能始于在主要作物和草坪草中暴发这些疾病，而不是因为这些杀菌剂易于发现和发展。也有两种药剂的注册预混药出现，其中一种成分为已存在的作用方式组 MOA，而另一种为新的作用方式组。

氟吡菌胺、氰霜唑以及烯酰吗啉是控制卵菌纲病菌新药物的例子（表 3-2）。氟吡菌胺 FRAC43 还未被评价其耐药性发生的可能性，可能是因为还不清楚这个药剂对真菌的作用位置。考虑到这一点，使用者应保持一个保守的用药观点，防止病菌对其产生耐药性。例如，当控制腐霉属、疫霉属、霜霉病病菌时，在缸中混入其他 FRAC 组的药剂。氟吡菌胺标签注明的一些能缸混使用的药剂，其选择基于不同的病菌。单一的氟吡菌胺在试验中对疫霉属和霜霉病有好至优秀的效果，对腐霉属的病菌欠佳。标签还建议采用IPM 来帮助管理抗性发展。

表 3 - 2   一些独特作用模式的新型观赏植物杀菌剂

有效成分 （FRAC 编码）	作用范围	是否能用 于农作物	耐药性报道	耐药性管理措施
氰霜唑	霜霉病，疫霉属 真菌，腐霉属真菌	是	未报道，有中等至高 概率产生耐药性	缸混药或交替用药；限制每种 作物或每年的使用次数
（40）烯酰吗啉	霜霉病，疫霉属 真菌	是	有报道，有低至中等 概率产生耐药性	缸混药或交替用药；限制连续 用药次数
氟吡菌胺	霜霉病，疫霉属 真菌	否	未报道	必需缸混使用；建议采用 IPM

注：使用者必须阅读产品说明书以正确的方式使用。

氰霜唑 FRAC21 的抗药性风险也不清楚，但抗性管理是需要的，因为一些真菌模型系统（可能是实验室或生物测试）已经在靶位点显示突变。氰霜唑标签包含一些标准抗性管理的术语，推荐选择或缸混多位点的化合物。标签还限制每种作物或每年施药次数，这不仅是一个环保问题也有助于抗性管理。

已有报道表明，葡萄霜霉病的病菌 *Plasmopara viticola* 对烯酰吗啉 FRAC40 有抗性，而不是引起马铃薯晚疫病的病菌 *Phytophyhora infestans*。烯酰吗啉引起耐药性的评级为低至中等。推荐选择或缸混多位点的化合物一起使用，在换用另一组 FRAC 编码药物前还需限制连续施用该药的次数。

最早拥有新作用模式的预混药为唑菌胺酯 FRAC11：啶酰菌胺 FRAC7 = 1 : 2，可用于户外苗圃、居住区、商业景观绿地、温室、室内景观绿化的观赏植物和花苞的消毒。唑菌胺酯对以下菌有很好的效果：链格孢属、尾孢属、帚梗柱孢属、镰刀菌属、漆斑菌属、疫霉属、丝核菌属和核盘菌属，以及能引起霜霉病和白粉病的病菌。啶酰菌胺注明用于特定的蔬菜和葡萄，还能有效对抗链格孢属、壳二孢属、葡萄孢属、尾孢属、丝核菌属和核盘菌属病菌。此外，啶酰菌胺对于锈病和白粉病也有效果。这两种药物的混用能极大拓宽其杀菌范围，对锈病、白粉病、链格孢属、葡萄孢属和核盘菌属病菌也有着非常好的抗性管理。

第二种预混药是咯菌腈 FRAC12 和混嘧菌环胺 FRAC9，适用于温室、室外盆栽、生产性地栽观赏花卉。咯菌腈能有效对抗链格孢属、葡萄孢属、尾孢属、帚梗柱孢属、镰刀菌属、丝核菌属和核盘菌属病菌。嘧菌环胺可用于果树链格孢属、葡萄孢属、链核盘菌属（与卵孢核盘菌属关系密切）以及黑星菌属、白粉病病菌。两种混用药拓宽了杀菌范围，并对重叠范围内的病菌进行抗性管理，特别是葡萄孢属、卵孢核盘菌属、核盘菌属病菌。

参 考 文 献

Benson，D. M. 1987. Residual activity of metalaxyl and population dynamics of *Phytophthora cinnamomi* in landscape beds of azalea. Plant Dis. 71：886 - 891.

Benson，D. M. ，and Parker，K. C. 2005. Efficacy of cyazofamid，Fenstar，and other fungicides for control of Phytophthora root rot of azalea，2004. F&N Tests 60：OT013.

Benson，D. M. ，and Parker，K. C. 2005. Efficacy of cyazofamid，Fenstar，and other fungicides for control of Phytophthora root rot of rhododendron，2004. F&N Tests 60：OT014.

Benson，D. M.，and Parker，K. C. 2007. Efficacy of registered and unregistered fungicides for control of Phytophthora root rot of azalea，2006. PDMR 1：OT001.

Frisina，T. A.，and Benson，D. M. 1988. Sensitivity of binucleate *Rhioctonia* spp. and *R. solani* to selected fungicides in vitro and on azalea under greenhouse conditions. Plant Dis. 72：303 – 306.

Hagan，A. K.，Olive，J. T.，and Parrott，L. C.，Jr. 1997. Screening of fungicides for the control of anthracnose on azalea，1997. F&N Tests 53：474.

Hagan，A. K.，Rivas – Davila，M. E.，Olive，J. W.，and Stephenson，J. 2001. Comparison of Heritage 50W，Compass 50W and Insignia 20WG for the control of web blight on azalea，2001. F&N Tests 57：OT02.

Kenyon，D. M.，Dixon，G. R.，and Helfer，S. 1997. The repression and stimulation of growth of *Erysiphe* sp. on *Rhododendron* by fungcidal compounds，Plant Pathol. 46：425 – 431.

McGovern，R. J. 1998. Evaluation of fungicides for control of Colletotrichum leaf spot on azalea，1998. F&N Tests 54：531.

Pscheidt，J. W. 2000. Comparison of fungicides for control of powdery mildew on deciduous azalea，2000. F&N Tests 56：OT2.

（编写：A. R. Chase）

第六节　生物学和有益微生物的应用

真菌、细菌、根部微生物和地表植物群体的关联已经存在几亿年之久，可能始于植物生长于土地之时。除了菌根菌受根系分泌物影响生长于根系临近土壤之外，根部肯定还包括数量众多的根际细菌和根际真菌、多种多样的动物。自然生物的结合、未被干扰的生态系统对植物的旺盛生长起着很大的作用。

人们已经进行了与菌根植物相关的根际细菌群体的定性和定量表征的部分研究，结果表明根际环境的微生物群体会随时间而发生动态变化，并被两种因素影响：①原土或生长基质中已有的微生物；②由根和菌根菌渗出物引起的该基质选择性富集特定功能微生物的过程。与此同时，叶际的微生物群体以微菌落和生物膜形式存在。当病原体或昆虫侵入根际或叶际时，它们同驻留微生物开始竞争，但是如果这些驻留微生物竞争失败，群落最小化，则疾病发生。

目前人们对于开发加强植物根际和叶际竞争对抗水平的方法具有重大的研究兴趣和实践指导意义。这种方法能使得种植者能采用生物防治方法阻碍病原体进入和侵染寄主植株。

菌根现象是指根际细菌同根际真菌联合，促进植物生长、增强植物对土壤病原体抗性的特定现象。相对于人为干扰严重的农业生态系统，未被人为干扰的生态系统中植物病害很少发生。某些疾病抑制型土壤在自然中存在或可通过特定管理实践获得。这些管理应该包括土壤类型选择与特定的真菌、细菌种类或放线菌培养。一般认为菌根真菌不作为土壤的组成部分，尽管它们对土壤起着重要甚至是决定性的作用（杜鹃花菌根研究较少）。但是，有初步证据表明，在土壤有效拮抗物质选择性增加时，菌根的形成使得拮抗细菌增加。

此外，有证据支持微生物层次结构的菌根体模式，其中根系吸引菌根真菌，再吸引细菌联合。其结果是组成一支"联队"系统来支持植物的生长和健康。此系统中微生物必须靠土壤或盆栽基质接种和选择。最优化的系统是基于高效、竞争力强、功能互补、多样性高的微生物。植物选择特定菌类联合形成菌根，这样一种模式可以解释46亿年来共生菌根支持植物繁衍的成功。

接下来的章节将讨论一些现行的理论和在生产领域努力开发的扩大生物防治病虫害使用范围的技术，为植物表面及表层细胞内微生物竞争的成功而所做的努力将结束作物栽培（包括杜鹃花）中化学药剂的大面积滥用行为。

（编写：R. G. Linderman）

一、真菌、细菌生物控制剂和生长刺激剂

几种微生物已广泛用于控制多种作物的疾病。生物控制剂也增加了作物的生长量和产量，它们可能降低非生物胁迫，使得肥料更有效。只有几篇科学文献评估了微生物对杜鹃花疾病的控制，大多数的文献介绍的是微生物在其他作物上控制疾病和增加产量的能力。

对于杜鹃花疾病控制以及产量的增加，包含以下成分的产品均可使用：*Trichoderma harzianum* Rifai 菌株 T22、*T. atroviride* P. Karst 专利菌株、*Streptomyces lydicus* De Boer 菌株 WYEC108、*Bacillus subtilis*（Ehrenberg）Cohn 菌株 QST713。

公开数据表明这些产品对疾病控制有较好的作用。化学试剂（烯酰吗啉、三乙膦酸铝与烯酰吗啉、代森锰锌交替使用）、生物制剂（T22 含氢氧化铜或 T22 不含氢氧化铜）与寡雄腐霉一起对杜鹃花插条和幼苗的保护效果做了评价。这项研究中还包括葡萄孢属、柱孢属、拟盘多毛孢属、丝核菌属的病原体。结果表明，两种杀菌剂治疗效果最差，T22 加氢氧化铜、寡雄腐霉、钩状木霉 *Trichoderma hamatum* 菌株 382 效果最好，它们有效控制了非易感杜鹃花品种上的疫霉属病原体，同时增强了其活力。这种生物控制剂在堆肥基质上的效果优于泥炭基质。这种区别被推测为堆肥基质对于微生物的承载能力较泥炭基质更强。

另一个研究中，对栎树猝死病病菌的控制同时在试管内和脱离母株的叶片上进行。此前，众多试管内的研究未能对叶片保护做出预测，如普通生物控制剂的案例一样。这个研究并未将微生物施用于盆栽基质，而是将叶片浸入微生物孢子的悬浮液中，生物控制剂为 *T. atroviride*、*T. virens*（*Glicladium virens*）的 GL21 菌株、*B. subtilis* 的 QST713 菌株。所有的生物控制剂都减小了离体叶片的损伤面积，而 QST713 的效果最好。

最近，一项受区域间项目编号 4 资助的研究将多种化学杀菌剂和生物杀菌剂灌入土壤中，包括 *S. lydicus* 菌株 WYEC108、*Muscodor albus*、三乙膦酸铝、氟嘧菌酯等。这些药剂对由烟草疫霉引起的疾病没有显著疗效。

以上信息很有用，但是它们既无法提供足够的证据来推荐生物杀菌剂在杜鹃花中的使用，又无法否定，很有必要弄清楚生物药剂运作的机制。不同的微生物控制病情的策略不同，使用方法也有变化。下面将总结微生物控制病情的策略。

（一）接触型生物杀菌剂

一些生物控制剂，特别是叶用药剂，含有有毒的微生物成分，这些成分是控制剂起作用的主要成分。例如，*Bacillus* 菌株能产生 20 多种抗生素，并且它们具有强抗微生物的特性。含有 *B. subtilis* 产品的大部分活性物质是源于那些能够直接杀死病原体的抗生素，如枯草菌素和伊曲霉素。因此在很大程度上，这些细菌是强抗微生物细菌代谢物的递送载体，但这不是唯一的。*B. subtilis* 能产生脂肽表面活性素和丰原素，当这些化合物施用于叶片时，能诱导系统抗性结果。这些化合物有很高的表面活性，能穿透叶片角质层。一旦进入叶片，它们会诱导脂氧合酶途径的关键酶合成，这是系统抗性必要的途径。因此，如同大多数生物控制系统一样，用于疾病或另一植物反应的单一机制很少负责生物体的总生物活性。

众多作用方式的重要推论为，除了整株植物测定之外，其他方法进行的筛选通常会产生误解。这部分和后续章节中所叙述的其他微生物与整株植物的相互作用，仅有这种对整株相互作用的分析可能产生有用的信息。即使之前所说的离体叶片的实验，也可能并不是真实的结果。

（二）根系共生体

部分有机体几年前被描述为重寄生菌和抗生素生物，它们被证明为有用的生物防治者。但是，重寄生和抗生素有效作用模式的理论尚未完善，目前只知道最有效的菌株是那些植物内生菌。

例如，*T. harzianum*、*T. virens* 分别被归类为典型的重寄生菌和抗生素生物，事实上它们也确实是这类生物。不过，基因研究表明这两种菌具备能明显诱导植物产生一种或多种系统抗性模式的生物防治能力。根据 21 世纪初完成的审查，这些高效的木霉属菌株能在根系附近繁殖并感染根系皮层。无症状的内生菌落与植物细胞发生化学影响，并使植物隔离菌丝，但木霉仍能存活并继续影响植物。最有效的菌株能够遍布整个植物根系。还有一些木霉属菌株因其能保护植物在堆肥基质中生长而被选育出来。这些菌株在微生物高度复杂的堆肥基质中表现最好，并且它们同最近选育出的具有强大侵染根系能力的菌株不同。真菌一般只生长在根系附近，但其化学影响的结果是对植物基因表达的巨大改变，同时伴随着地上部生长的巨大改变。

这些改变的结果为植物提供了很多益处，如疾病抗性增强、非生物因素压力抗性增强（很大程度上通过提高抗氧化分子循环率，以减少自由基的积累和种类）、显著提高养分利用率。实际上，因基因改变和蛋白质表达所引起的植物生理学上的改变对世界农业的影响比单一生物防治重要得多。

木霉属菌类并不是唯一能引起这种现象的生物，菌根真菌也可以，还有许多根际细菌也能促进植物生长，如担子菌 *Piriformospora indica*。这种显著的平行诱导植物响应系统，发生在广泛的无关微生物中。

最近人们才开始研究菌类对植物生长表现有多方面促进作用，使用材料中最具争议的一个方面是到底应该用哪个菌株。例如，如果使用本文所述的方法，大多数木霉属菌株是感染性的。每克土壤中有 10～1 000 个木霉属的繁殖体，但是加入非常少量的经过挑选的菌株作为种子菌可产生大的差异（每公顷 0.5～1.0 g）。而偏好于高有机质含量盆栽基质的菌株在土壤中可能会表现不佳。因此，只有少数几个菌株有较大的可用性。这些结果使得难以实施特定的生物控制剂，只有更多了解菌株差异和特异性才能实现。

（编写：G. E. Harman）

二、昆虫病原体作为昆虫生物防治剂

生物防治可以广泛定义为害虫种群受到来自昆虫病原体的压力，如真菌、细菌、病毒、昆虫病原线虫。观赏植物种植者能使用的生物防治药剂不断增加，而实施生物防治同时具有益处和限制的两面性。只要种植者注意到益处和限制，结合害虫观测和有效栽培管理，生物防治将能成为害虫管理的有效方法。

使用生物防治剂的好处有：减少防治次数，降低病害二次暴发风险，提高对目标虫害的特异性，降低环境影响。现有化学杀虫剂喷灌设备也能喷洒生物防治剂，还可与很多化学药剂同时施用（如何混用请仔细阅读产品包装）。但有些化学药剂不能与生物防治剂同时施用。生物防治剂的缺点有：成本比化学药剂更高，防治剂防治对象范围较窄。

由于生物防治剂是活的生物，因此它们的效力受生物和非生物环境因素的影响很大。许多人没有注意储存、运输和施用时间的细节而导致防治效果不一致。生物防治剂也并非立刻见效，通常需要 2～5 d 来发挥作用。

生物防治计划中最重要的一点为：记住生物防治剂内的成分是有生命的。如果种植者如同留意他们所种植的植物一样留意这些药剂，当高质量的生物防治剂在有利于它们的环境中使用后，同化学药剂相比生物防治剂能提供更好的保护。

（一）线虫

昆虫病原线虫作为地下害虫的治疗手段已经商业运作多年。种植者可以选择斯氏线虫和异小杆线虫这两个属内的多种线虫来使用（图 3-7），如 *S. feltiae*、*S. scarpocapsae*、*H. marelatus*、*H. bacteriophora*、*H. megidisd*。而针对目标害虫选择正确的线虫是这种防治方法成功的关键。线虫的相关信息及寄主害虫种类请访问俄亥俄州立大学官方网站。

感染性幼年阶段的线虫（寄主体外的线虫，销售商贩卖的就是这种）通过检测受伤根发出的信号以及二氧化碳和其他宿主相关线索来定位土壤中的宿主。线虫通过以下两种方式之一感染寄主：一通过昆虫口器、肛门、呼吸孔等与外界交换物质的通道进入，二直接穿透昆虫进入。一旦进入寄主，线虫释放其共生细菌，细菌开始繁殖并最终杀死寄主。线虫则利用寄主昆虫内的营养生存、繁殖，当寄主体内营养消耗殆尽，线虫离开寄主尸体并重新寻找新的寄主。

尽管斯氏线虫属和异小杆线虫属的生活周期相似，但它们寻找寄主的方式却不同。斯氏线虫采用埋伏战略，等待寄主经过它们时再下手；而异小杆线虫则在土壤中移动，寻找寄主。

可以通过土壤灌药来提供感染性幼年线虫，如拆除标准喷灌系统滤网后喷洒药剂，或用背包式喷雾器，或在滴灌系统中加入药剂。采用喷雾方式时，需保持搅拌器运转，以防止线虫沉淀。施药浓度为每平方米 37.6 万～48.4 万只感染性幼年线虫。最理想的施药条件为，用药后土壤温度为 15～27 ℃并保持湿润约两周。

（二）真菌

真菌也被广泛用于观赏植物的病虫害控制。昆虫病原真菌制剂可分为叶用和灌根两种。美国现在常见的药剂有肉座菌目麦角菌科 *Metarhizium anisopliae*、*Beauveria bassiana*、*Isaria fumosorasea*（Syn. *Paecilomyces fumosoroseus*）。同样，针对目标害虫选择正确的真菌也是这种防治方法成功的关键。种植者需要仔细比对药品说明书，来确定使用哪种真菌。

真菌孢子需要和寄主接触才可以感染寄主。真菌孢子的运动很被动，因此施药必须直接接触寄主或施用后寄主会接触施药的部位。只要孢子接触到寄主，它们就会萌发并附着在寄主身上，通过物理压力或酶反应穿透过寄主角质或外壳。只要真菌进入寄主体内，便会快速繁殖，直到寄主营养消耗殆尽死去。随后，再长出寄主体外产生新的孢子，并通过风、雨、非寄主昆虫在环境中传播（图 3-8 和图 3-9）。

喷雾施用时，注意保持搅拌器运转，防止真菌沉淀。施用的浓度根据产品类型、施用类型（叶用、灌土）的不同而有所变化，请仔细阅读产品说明书。最理想的施药条件为叶片、土壤湿润，温度适中。叶用时最好在阴雨天施用，因为紫外线对真菌孢子有很强的杀灭作用。

（三）细菌和病毒

目前，相对昆虫病原真菌制剂，以细菌和病毒为基础的观赏植物生物防治药剂较少。注册的细菌型药剂均为 *Bacillus thuringiensis*。此外，还有该细菌的亚种，它们分别用于特定的害虫，如 *B. thuringiensis* subsp. *kurstaki*、*B. thuringiensis* subsp. *aizawai*、*B. thuringiensis* subsp. *israelesis*。尽管 *B. thuringiensis* 编码杀虫效果的基因已经被转基因用在蔬菜作物和其他领域上，但观赏植物尚未使用这一技术。仅有一个经过注册的病毒生物防治剂，用于控制甜菜夜蛾的核多角体病毒。甜菜夜蛾危害杜鹃花、大丁草、老鹳草、月季、康乃馨等多种植物。

细菌和病毒繁殖体的进入与在宿主中的广义感染周期一起，是类似的并且将被同时覆盖。想要进入昆虫体内，细菌和病毒需要被寄主吞入体内，随后它们将在寄主内脏中繁殖并进入血腔导致寄主死亡。被感染的食叶型寄主表现出一种典型的"峰会"疾病症状，即被感染的寄主在临死前会爬到较高的叶片上。病原体繁殖体将随着雨水向下部移动，寄主对感染的反应将加速细菌和病毒在未感染的寄主间传播，导致昆虫病害在剩余种群内传播。

（编写：D. J. Bruck）

三、抑制型土壤、堆肥、堆肥浸提液

杜鹃花商业生产包括容器基质栽培和土壤栽培。无土基质含有的能抑制疾病的微生物相对较少，而土壤可能含有许多具有这种能力的微生物，但数量太低而不能起效。可以引入有拮抗能力的微生物，如前面所述，特定的疾病可以被抑制（图 3 - 10）。

尽管程度有限，其他非特异性疾病的微生物抑制（即普遍抑制力）可以通过掺入具有大量多样性的高度复杂的微生物混合物来达到。这些混合物中含有经过选择的能抑制疾病产生的细菌或真菌的病原体种群。这些拮抗微生物种群数量在特定原料的堆肥期间提高，有利于它们同其他微生物竞争。拮抗作用的堆肥中可以提取出液体，即堆肥浸提液。种植者反映向栽培基质中添加堆肥或堆肥浸提液能提高对病原体的拮抗能力，减少疾病。美国西部一家大苗圃报道，使用堆肥基质对疫霉属病菌引起的疾病取得非常好的抑制效果，不需要再使用化学药剂。

制造抑制型土壤或栽培基质的关键为控制堆肥的营养储备，使拮抗微生物能提高种群数量。正确碳氮比的堆肥所产生的热量将杀死任何病原体。美国中西部州采用硬木树皮堆肥，证明能抑制多种疾病包括疫霉属根腐病。西部州针叶树树皮组分似乎非常有利于疾病发生，然而只有用大量堆肥或添加氮含量足够高的有机物堆肥（如动物粪便）制成的针叶树树皮培养基才可以抑制腐霉属、疫霉属物种引起的疾病。

已知抑制型土壤在经济作物中的拮抗作用机制有不同变化，而杜鹃花上尚未报道。例如，土壤具有很强的能力裂解牛油果疫霉属根腐病病原体的菌丝或含有的微生物阻止产生孢子囊，而正是孢子囊释放出游动孢子感染根系（图 3 - 11）。因此，尽管病原体可以存在或被引入，但是拮抗微生物活性将抑制病原体致病的能力。这种抑制型土壤能通过加入大量有机物质而获得，如将鸡粪、秸秆等铺撒在土壤表层等其自然分解。牛油果的根系生长在秸秆分解后的物质中并保持健康，从而支持地上部生长，未受到根腐病病原体的不利影响。在观察过的疾病抑制的案例中，没有确定是哪种微生物，仅仅确定了它们的效果。在杜鹃花生产中复制应用这样一种行为是非常有价值的。

需要指出的是，并非所有堆肥、堆肥浸提液含有抑制疾病的微生物组成成分。这使得这一方法难以推广。

（编写：R. G. Linderman and D. M. Benson）

四、根系内生菌（菌根）

杜鹃花根系通常形成菌根，主要是杜鹃花科的菌根，同时还有深色的具隔膜的内生菌 DSEs，对杜鹃花的生长和健康起到的作用现在还未知。两种类型的真菌显然可以占据相同植物的根并且可以培养（虽然有困难）。

菌丝的特点显示出杜鹃花科的菌根真菌是 *Hymenoscyphus* 和 *Oidiodendron* 的子囊菌，珊瑚菌属也有可能涉及。*H. ericae* 是主要的杜鹃花科真菌之一，从植株根部还分离出了 *O. maius* (*O. griseum*)。*C. argillacea* 可能在珊瑚菌属成员中扮演菌根关系的角色（图 3 - 12），尽管还没有纯化培养。同位素跟踪显示，营养既从寄主植物流向子实体，同时也从子实体流向寄主。

表面消毒后杜鹃花的根通常分离出黑色缓慢生长的真菌与隔膜菌丝。尽管这些 *Phialocephala* 的真菌已经从其他植物上分离并确定对植物的健康生长有积极作用（具体机制不明），但它们对杜鹃花属植物的作用还未被得到确定。

杜鹃花科的菌根鉴定缓慢的原因有：较难分离，培养基上生长缓慢，难以形成孢子。很多分离实验中，得到的是黑色、不育、生长缓慢的菌，无法确认它们是不是能在杜鹃花科寄主上形成菌根。这种微生物由于难以培育，还不能商业推广。

杜鹃花菌根在根系发育的很早期就已经形成，甚至是组培苗也有。组培苗菌根在无土基质炼苗的过程形成，如图 3-13 所示。有人认为，园艺泥炭产品中含有内生真菌的接种体，而只有几个泥炭产区有杜鹃花科植物和相关真菌。共生菌根的早期形成对杜鹃花生长发育可能起到重要作用，但鲜有研究能证明这种关系。已知杜鹃花科菌根能通过制造的酶从酸性有机基质辅助吸收营养。在没有认识到菌根功能的情况下，杜鹃花也被称为喜酸性土壤植物，在酸性土壤中生长得最好。真菌产生的酶在酸性条件下分解有机质最为有效，在园艺生产中会供应植物所需的养分，相对于野外的杜鹃花和园林中不施肥的杜鹃花，园艺生产中菌根的作用被弱化到最小。

杜鹃花科共生真菌的互利共生表现为在地栽苗圃中吸收营养，菌根能加强氮和磷的吸收，特别是从有机基质中吸收。它们同时阻止重金属在叶片中的毒性积累，如铜和锌。菌根的这种保护机制使得寄主植物能在恶劣的废矿弃土边缘生存。

德国的研究测试了种植于商品泥炭上的组培苗，从根部提取出的真菌并接种在扦插和组培苗上，在双琼脂板测试和无菌液体微繁殖生根中，腐霉属和疫霉属的致病病菌都受到抑制。此外，在温室中扦插繁殖的欧石南和组培杜鹃花中，所选择的菌株能一定程度地降低疾病活性。这些研究表明，较多的菌根形成可能需要生产生物接种药物。杜鹃花科真菌和 DSEs 目前都处在研究中。

形成杜鹃花科菌根的栽培措施研究目前还没有重大进展，但是维持土壤酸性、施用有机肥料将有利于菌根的形成。虽然没有研究表明几种灌根的杀菌药剂会对菌根有害，但杀菌剂的施用可能会影响菌根的形成。目前，还未测试过市面上所使用的杀菌剂对杜鹃花科菌根的影响。

（编写：R. G. Linderman）

参 考 文 献

Grunewaldt-Stocker. G. , von den Berg. C. , Knopp, J. , and von Alten，H. 2013. Interactions of cricoid mycorrhizal fungi and root pathogens in *Rhododendron*：In vitro tests with plantlets in sterile Liquid Culture. Plant Root 7：33-48.

Linderman. R. G. 2008. The mycorrhizosphere phenomenon. Pages 341-355 in：Mycorrhiza Works. F. Feldman. Y. kapulnik, and J. Barr, eds. Deutsche Phytomedizinische Gesellschaft, Brauneschweig, Germany.

Alfano, G. , Lewis Ivey, M. L, Cakir, C. , Bos, J. I. B. , Miller, S. A. , Madden, L. V. , Kamoun, S. , and Hoitink, H. A. J. 2007. Systemic modulation of gene expression in tomato by *Trichoderma hamatum* 382. Phytopathology 97：429-437.

Harman, G. E. 2011. Multifunctional fungal plant symbionts：New tools to enhance plant growth and productivity. New Phytol. 189：647-649.

Hnrman. G. E. 2011. *Trichoderma*—Not just for biocontrol anymore. Phytoparasitica 39：103-108.

Harman, G. E. , Howell, C. R. , Viterbo, A. , Chet, I. , and Lorito, M. 2004. *Trichoderma* species—

Opportunistic, avirulent plant symbionts. Nat. Rev. Microbiol. 2: 43 - 56.

Harman, G. E. , Obergón, M. A. , Samuels, G. J. , and Lorito, M. 2010. Changing models of commercialization and implementation of biocontrol in the developing and the developed world. Plant Dis. 94: 928 - 939.

Hoitink. H. A. J. , Madden, L. V. , and Dorrance, A. E. 2006. Systemic resistance induced by *Trichoderma* spp. : Interactions between the host, the pathogen, the biocontrol agent, and soil organic matter quality. Phytopathology 96: 186 - 189.

Howell, C. R. 2003. Mechanisms employed by *Trichoderma* species in the biological control of plant diseases: The history and evolution of current concepts. Plant Dis. 87: 4 - 10.

Jullien, J. 2009. Biological protection of rhododendron cuttings and young plants against fungal diseases. PHM Rev. Hortic. 512: 20 - 29.

Marra, R. , Ambrosino, P. , Carbone, V. , Vinale, F. , Woo, S. L. , Ruocco. M. , Ciliento, R. , Lanzuise, S. , Ferraioli, S. , Soriente, I. , Turrà, D. , Fogliano, V. , Scala, F. , and Lorito, M. 2006. Study of the three - way interaction between *Trichoderma atroviride*, plant and fungal pathogens using a proteome approach. Curr. Genet. 50: 307 - 321.

Ongena, M. , Jourdan, E. , Adam, A. , Paquot, M. , Brans, A. , Joris, B. , Arpigny, J. - L. , and Thonart, P. 2007. Surfactin and fengaycin lipopeptides of *Bacillus subtilis* as elicitors of induced systemic resistance in plants. Env. Microbiol. 9: 1084 - 1090.

Shoresh, M. , Mastouri, F. , and Harman, G. E. 2010. Induced systemic resistance and plant responses to fungal biocontrol agents. Annu. Rev. Phytopathol. 48: 21 - 43.

Stein. T. 2005. *Bacilus subtilis* antibiotics: Structures, syntheses and specific functions. Molec. Microbiol. 56: 845 - 857.

Bruck, D. J. 2010. Fungal entomopathogens in the rhizosphere. BioControl 55: 103 - 112.

Bruck, D. J. , Berry, R. E. , and DeAngelis, J. D. 2007. Insect and mite control on nursery and landscape plants with entomopathogens. Pages 609 - 626 in: Field Manual of Techniques in Invertebrate Pathology. L. A. Lacey and H. K. Kaya, eds. Kluwer Academic, Dordrecht, Netherlands.

Georgis, R. , Koppenhofer, A. M. , Lacey, L. A. , Belair. G. , Duncan, L. W. Grewal, P. S. , Samish, M. , Tan, L. , Torr, P. , and van Tol. R. W. H. M. 2006. Successes and failures in the use of parasitic nematodes for pest control. Biol. Control 38: 103 - 123.

Jaronsk, S. T. 2010. Ecological factors in the inundative use of fungal entomopathogens. BioControl 55: 159 - 185.

van Tol, R. W. H. M. , van der Sommen, A. T. C. , Bof, M. I. C. , van Bezooijen, J. , Sabelis, M. W. , and Smits, P. H. 2001. Plants protect their roots by alerting the enemies of grubs, Ecol. Lett. 4: 292 - 294.

Zimmermann, G. 2008. The entomopathogenic fungi *Isaria farinose* (formerly *Paecilomyces farinosus*) and the *Isaria fumosorosea* species complex (formerly *Paecilomyces fumosoroseus*): Biology, ecology and use in biological control. Biocontrol Sci. Technol. 18: 865 - 901.

Hoitink, H. A. J. , VanDoren, D. M. , Jr. , and Schmitthenner, A. F. 1977. Suppression of *Phytophthora cinnamomi* in a composted hardwood bark potting medium. Phytopathology 67: 561 - 565.

Linderman, R. G. 1989. Organic amendments and soilborne diseases. Can. J. Plant Pathol. 11: 180 - 183.

Linderman, R. G. 1996. Managing soilborne diseases: The microbial connection. Pages 3 - 20 in: Management of Soil - Borne Diseases. V. K. Gupta and R. Utkhede, eds. Narosa Publishing House, New Delhi, India.

Linderman，R. G. 2001. Mycorrhizae and their effects on diseases. Pages 433 – 434 in：Diseases of Woody Ornamentals and Trees in Nurseries. R. K. Jones and D. M. Benson，eds. American Phytopathological Society，St. Paul，MN.

Linderman，R. G.，Moore，L. W.，Baker，K. F.，and Cooksey，D. A. 1983. Strategies for detecting and characterizing systems for biological control of soilborne pathogens. Plant Disease（Feature Article）67：1058 – 1064.

Spencer，S.，and Benson，D. M. 1982. Pine bark，hardwood bark compost，and peat amendment effects on development of *Phytophthora* spp. and lupine root rot. Phytopathology 72：346 – 351.

Bradley，R.，Burt，A. J.，and Read，D. J. 1982. The biology of mycorrhizae in the Ericaceae. Ⅷ. The role of mycorrhizal infection in heavy metal resistance. New Phytol. 91：197 – 209.

Englander，L.，and Hull，R. J. 1980. Reciprocal transfer of nutrients between ericaceous plants and a *Clavaria* sp. New Phytol. 84：661 – 667.

Hambleton，S.，Egger，K. N.，and Currah，R. S. 1998. *Oidiodendron*：Species delimitation and phylogenetic relationships based on nuclear ribosomal DNA analysis. Mycologia 90：854 – 869.

Moore – Parkhurst，S.，and Englander，L. 1982. Effect of six fungicides，applied as soil drenches，on mycorrhizae of two nurserygrown *Rhododendron* cultivars. Am. Rhododendron Soc. Q. Buil. 36（4）：154.

Moore – Parkhurst，S.，and Englander，L. 1982. Mycorrhizal status of *Rhododendron* spp. in commercial nurseries in Rhode Island. Can. J. Bot. 60：2342 – 2344.

Pearson，V.，and Read，D. J. 1973. The biology of mycorrhiza in the Ericaceae. Ⅱ. The transport of carbon and phosphorus by the endophyte and the mycorrhiza. New Phytol. 72：1325 – 1331.

Peterson，T. A.，Mueller，W. C.，and Englander，L. 1980. Anatomy and ultrastructure of a *Rhododendron* root – fungus association. Can. J. Bot. 58：2421 – 2433.

Read，D. J. 1974. *Pezizella ericae* sp. nov.，the perfect state of a typical mycorrhizal endophyte of Ericaceae. Trans. Br. Mycol. Soc. 63：381 – 419.

Seviour，R. J.，Willing，R. R.，and Childers，G. A. 1973. Basidiocarpsassociated with ericoid mycorrhizas. New Phytol. 72：381 – 385.

第七节　寄主的抗性

　　大田作物、水果、蔬菜的主要疾病控制方法之一为抗性品种的选用，无论是传统育种方法还是遗传基因修饰。而包括杜鹃花在内的观赏植物，在育种方面没有关注疾病抗性。个人、大学和美国国家树木园所做的杜鹃花属种间杂交产生了众多的新杂交后代。每个育种计划都有不同的选育目标，包括花型、花色、株型、耐寒性、抗热性和其他园艺性状。

　　由于抗性基因对于主要杜鹃花病原体是未知的，并且在这些植物中对定量抗性了解甚少，抗病性筛选实践已经鉴定了对各种病原体具有抗性的栽培种。例如，很多杜鹃花品种进行樟疫霉引起的根腐病的测试，只有少数品种能抵抗或忍受这种疾病。

　　北卡罗来纳大学和路易斯安那大学合作培育的 Carla 栽培群育种计划始于 20 世纪 60 年代，并向市场投放了适应于美国南部的几种杜鹃花栽培品种，其中一个品种‘Fred Cochran’（North Carolina red×Morning Glory）对由樟疫霉引起的根腐病有抗性。然而，由于花色太过平庸，这个品种不被市场认可。

　　落叶杜鹃花常见病害——叶锈病可以通过抗病的品种来避免这种疾病。对特定品种多年观察总结得出了抗白粉病和其他疾病的扩展概况并公布在杜鹃花协会和园艺网站上。

使杜鹃花栽培品种能抵抗主要致病菌应该是育种目标。假如培育出这些品种，那么消费者在绿地中种植它们时将获得生长良好、不需要或仅需要很低程度的疾病维护的杜鹃花。一些国家机构推广抗病品种和低维护品种，公众教育也是这个项目的目标。同时，对培育抗病杜鹃花的努力需要在地区、州和联邦 3 个层面上进行。

参 考 文 献

Benson, D. M., and Cochran, F. D. 1980. Resistance of evergreen hybrid azaleas to root rot caused by *Phytophthora cinnamomi*. Plant Dis. 64: 214 - 215.

Benson, D. M., Fantz, P. R., and Skroch, W. A. 1990. 'Fred Cochran'Carla azalea. HortScience 25: 490 - 491.

Bir, R. E., Jones, R. K., and Benson, D. M. 1982. Susceptibility of selected deciduous azalea cultivars to azalea rust. Am. Rhododendron Soc. Q. Bull. 36: 153.

Hoitink, H. A. J., and Schmitthenner, A. F, 1974. Resistance of rhododendron species and hybrids to Phytophthora root rot. Plant Dis. Rep. 58: 650 - 653.

（编写：D. M. Benson）

第八节 栽培措施

杜鹃花在这本书内被描述成易感染各种茎、叶片、根部病原体以及非生物胁迫的植物。无论是繁殖温室、流水线生产区，还是露天培育区以及成品区，熟悉这些不同病原体的疾病周期对于开发适合当地的综合病虫害管理非常重要。

应用于苗圃或绿地中的特定栽培措施和病原体的不同，使得疾病的发展有着不同的表现。没有两家苗圃会采用完全相同的措施。关键控制点意识是栽培措施在苗圃综合病虫害管理中的一个重点，即避免苗圃商品生产中能显著加剧疾病发展和有利于病原体繁殖的行为。

植物病理学的基本原则，同时也是疾病控制的基本原则——疾病三角，即易感染的寄主、适宜发病的环境条件、存在的病原体。由于很多苗圃所培育的植物对很多病原体都没有抗性，因此种植者需要侧重于创造一个不利于发病的环境，消除病原体来源。在很多情况下，种植者并未意识到病原体的来源以及病原体从何处感染作物。因此，确认病原体源头是系统关键控制点方法中的一步。如果苗圃管理者能获得足够多的信息来发挥系统关键控制点方法的优势，那么苗木生产将持续在无病害的情况下进行。

栎树猝死病病菌最佳防治措施的开发就是疾病控制的一个好案例。项目组成员包括植物病理学家、农户、种植商代表。作为卵菌亚纲真菌，栎树猝死病病菌喜欢潮湿的环境并有雨水和灌溉用水传播，因此最佳的管理措施为干扰疾病周期。例如，灌水应该推迟到早上的露水消失之后，又要确保在夜晚到来前叶片上无积水，即缩短叶片潮湿的时期。植物脱落的叶片也需要清除，避免其成为病原体来源。

苗圃生产中，栽培措施主要同植物种类、栽培基质、栽培地点和灌溉有关。现有苗圃针对某种作物的栽培方法是多年来从尝试到失败中获得经验而总结出来的。该系统方法基于在生产中的关键控制点进行病原体审核，以确定需要在哪里改变栽培措施，是一种重复"试错"的方法。

（一）植物

苗圃可以像购买其他植物一样，引进杜鹃花种苗培养大苗或扦插繁殖新种苗。新引入的植物需要同已有种植区域隔离 30 d 以上，以确保能观测出新引入植物的病害并及时处理。无论是叶部病害还是根部病害，外来的插条也需要确保没有明显的病害特征。对于叶部病原体，在扦插前应先消毒。

人们很难看到根系是否健康，因为根系病原体可能随时感染根系，最终使植物死亡或严重阻碍植物生长。在一些地区，当地上部出现症状时，根系可能已经被感染很多个月至很多年了，导致苗圃没有及时治疗而损失惨重。化学药物可能会减缓疾病发展的过程，却不会根除病原体，但化学药物能保护临近的植物不被传染。

（二）栽培基质

20 世纪 70 年代，美国东海岸容器苗生产商的标准栽培基质为松树皮，西海岸为冷杉树皮。以树皮为基础的基质是一种便利而经济的基质，并且拥有非常好的园艺和病理学特征。树皮很轻，以树皮为基质的容器相对于土壤而言容易搬运并减少运费。更重要的是树皮基质多孔而具保水能力，这使得它们有利于夏季每天都需灌水地区的植物生长。

正确措施栽培的树皮基质容器苗通常不会有植物病原体，而土壤栽培的则可能会有病原体。良好排水的树皮基质与微生物的对抗作用能抑制卵菌亚纲的真菌和其他真菌侵染根部。绝大多数的基质都缺乏有益微生物，因此需要添加特殊的产品或一些有益菌堆肥来增加有益菌。如果基质可能被病原体感染，在增加前需用巴氏消毒法消毒。

近年来对电力和供暖替代能源的开发，使得树皮供应减少并增加了成本。为了应对这种情况，种植者开始尝试农业和林业中低成本可代替基质的副产品（如针叶植物刨木屑、轧棉机废料、花生壳）。但是，在采用新的代替物之前，一定要评价新代替物抑制致病菌的能力，不能比传统树皮基质差。如果代替物不能做到无菌，需堆肥或加热消毒，但这样会增加成本。

在栽植容器苗前，基质必须先储存在便利处，以方便使用。没有放在水泥垫面上的基质堆，可能会感染泥土中的致病菌。大型苗圃通常有一台专用基质装载器，将基质从储存区运向邻近上盆区。

（三）种植区域

苗圃布局是为了达到单位面积产量最高，另一个着重考虑的事为如何高效地从上盆区运输到培植区，最后到运输车辆上。未硬化或覆盖碎石的车道可能会成为病菌的传播源，因为轮胎上会沾有泥土，随后在整个苗圃内移动传播。

培植区应该设计为雨水、灌溉水可快速排除的形式。苗床地形为中间高、边缘低，边缘有水沟使得雨水能流向水回收系统。苗床应该覆盖碎石或地布防止长草和雨水飞溅，可以起到减少病原体的作用（图 3-14）。

（四）灌溉

灌溉水源可以是井水、河流、湖泊，也可以使用回收的灌溉循环用水：

只要井口盖好，防止地表水进入井内，这样的井水是没有植物病原体的。很多苗圃的繁殖区是利用井水作为灌溉的，因为井水是最高质量的灌溉用水。但是受限于井水水量和成本，井水不能在整个培植区域使用。

湖水、河水是疫霉属、腐霉属等水生病原体的传播源。因此，对这类水消毒后能避免引入病原体。

回收用水中通常含有疫霉属病原体和其他病原体。一旦病原体进入水箱或水池便很难彻底消毒，除非对泵房安装消毒装置。

将同样年龄、种类、需水量的植物组团布局，无论是喷灌还是滴灌，这样的布局能防止形成有利于疾病的环境。利用灌溉测量仪监测植物需水量能避免容器过干或过湿。

参 考 文 献

Horticultural Research Institute（HRI）. 2008. Nursery Industry Best Management Practices for *Phytophthora ramorum*. Available online at www. suddenoakdeath. org/pdf/cangc _ bpm _ FINAL. pdf

Kuske，C. R. ，and Benson，D. M. 1983. Survival and splash dispersal of *Phytophthora parasitica*，causing dicback of rhododendron. Phytopathology 73：1188－1191.

Kuske，C. R. ，Benson，D. M. ，and Jones，R. K. 1983. A gravel container base for control of Phytophthora dieback in rhododendron nurseries. Plant Dis. 67：1112－1113.

（编写：D. M. Benson and R. G. Linderman）

第四章　昆虫和螨类害虫

　　尽管苗圃和绿化中的很多多年生植物经常受到昆虫的危害，但杜鹃花却很少受到昆虫的干扰。杜鹃花属种类（品种）众多，且作为节肢动物广泛的食物来源之一，也只有少数的节肢动物啃食杜鹃花属植物。

　　杜鹃花属植物的丰富性是源于物种长期适应不同环境、人工育种以及自然变异的结果。在商业苗圃中，一系列的栽培品种是育种者培育具有明显区分度的园艺特性的结果。特别是组织培养的出现，使得新品种能够快速繁育。有趣的是，杂交后代和新栽培品种现在可以栽培于不利于原生种类生长的地点。

　　育种者和园艺学者解释了为什么杜鹃花虫害较少。一位育种者说天然二萜类和其他植物次生产物对于哺乳动物是有毒的，这可能使得它们能抵抗节肢动物的啃食，因此限制害虫啃食它们。最近的研究表明，草食性昆虫的表现被植物次生代谢所限制，即干扰消化或毒害。还有证据表明，通过对比无鳞杜鹃花，象甲虫不吃有鳞杜鹃花，因为有鳞杜鹃花能从鳞片释放化学驱避剂。很多新品种有耐寒力和忍受其他环境压力的能力，这可能让它们较少受到昆虫的袭击。

　　但是，在大规模地栽和容器苗培育生产中，虫害问题加重了。高种植密度自然会导致高的虫密度。此外，相关虫害的发病范围也随着得病植株的运输在当地、地区间甚至是国家之间传播。

　　大多数节肢动物害虫会影响杜鹃花的商品品质而不会威胁植物生存。只有几种能达到足以严重影响生产和景观绿地维持的程度。苗圃生产中的植物通常被周期性检查，所以发病初期就能发现。大多数情况下，采用合适的管理方式，虫害可以控制，如果没有消除虫害，通常会采用化学杀虫剂或生物控制剂。为了使节肢动物的影响最小，生产商和绿化管理员必须熟悉这些害虫，包括它们引起的伤害、生命周期以及控制方法。昆虫生物学的知识对开发减少昆虫、螨类影响的措施很关键。

　　通常杜鹃花没有多少虫害，但是杜鹃花在象甲虫和杜鹃花蛀杆虫前显得弱不禁风，这些虫会引起即刻而又严重的损伤，如分别啃食根系和形成层。它们可以用廉价的方法来监测，以确定是否和何时需要采取控制措施。叶片上明显的象甲虫啃食痕迹提示种植者需要采取控制措施。最近的研究表明，有一种监测象甲虫幼虫运动和啃食根系的设备能够绘出声学的"指纹"作为土壤处理的提示标记。针对象甲虫的杀虫剂和生物防治药物也可以在市面上购买。种植者通过规律检查植物和熟悉当地害虫种类也能够减少其他不常见害虫造成的损失。

　　表4-1是美国杜鹃花节肢动物害虫的概览，每种害虫都描述了它们的地理分布和危害位置。害虫种类进行了归类，接下来的章节将对一些归类进行分析讨论。

表 4-1　美国杜鹃花节肢害虫

害虫	拉丁学名	分布范围	危害
根部象鼻虫	*Otiorhynchus sulcatus*	北部	成虫啃食叶片边缘呈缺刻状，幼虫严重危害根系
	Otiorhynchus ovatus		成虫啃食叶片边缘呈缺刻状，幼虫严重危害根系
	Nemocestes incomptus	美国西海岸西北部	成虫啃食叶片边缘呈缺刻状，幼虫少量啃食根系
	Sciopithes obscurus	美国西海岸西北部	成虫啃食叶片边缘呈缺刻状，幼虫少量啃食根系
	Pseudocneorhinus bifasciatus	东部，中西部	成虫啃食叶片边缘呈缺刻状，幼虫啃食根系
蛀干虫	*Synanthedon rhododendri*	东部，中西部	幼虫摧毁形成层和木质部
蚧虫类	*Illionia rhododendri*（syn. *Macrosiphum rhododendri*）	美国西海岸西北部	从叶片中吸取汁液；严重感染时引起蚜虫中毒，黄叶，落叶
	Eriococcus azaleae	东部，南部，中西部	若虫成虫啃食茎韧皮部，黄叶，小枝枯死
	Pulvinaria ericicola	东部（纽约、马里兰），南部（佛罗里达）	若虫、雌性成虫啃食茎韧皮部，引起黄叶
	Pulvinaria floccifera	东部，西部（加利福尼亚、俄勒冈），南部（得克萨斯）	若虫、雌性成虫啃食叶片疏导管
	Pseudaonidia paeoniae	东部，南部	危害严重时引起枯枝
	日本长片盾蚧虫（*Lopholeucaspis japonica*）	东部（马里兰、宾夕法尼亚）	不常发生，小枝和大枝枯死
	康氏粉蚧虫（*Pseudococcus comstocki*）	西部（加利福尼亚），东部，南部，中西部	分泌物引起叶片霉污病
	Ferrisia gilli	西部（加利福尼亚），南部（佛罗里达、阿拉巴马）	
	Pseudococcus longispinus	南部（佛罗里达、得克萨斯），西部（加利福尼亚）	从地上任何一处吸取汁液
	Pseudococcus viburni	全美	分泌物引起叶片霉污病
	丝粉蚧虫（*Ferrisia virgata*）	东部，西部，南部	分泌物引起叶片霉污病
	Dysmicoccus wistariae	东部	分泌物引起叶片霉污病
	Massileurodes chittendeni（syn. *Dialeurodes chittendeni*）	西部（加利福尼亚），大西洋中部至田纳西，西北部（华盛顿）	从幼嫩叶片吸取汁液，黄叶，分泌物引起霉污病
	Pealius azaleae	东南部，北部至明尼苏达，西部至加利福尼亚	从幼嫩叶片吸取汁液

（续）

害虫	拉丁学名	分布范围	危害
网蝽、蚊、食根虫	杜鹃花冠网蝽（Stephanitis pyrioides）	东部	叶背叶肉组织被危害，引起黄叶
	Stephanitis rhododendri	东部至佛罗里达，中西部，西海岸西北部	叶背叶肉组织被危害，引起黄叶
	Clinodiplosis rhododendri	东部至北卡罗来纳，乔治亚	新生枝叶变色或扭曲
	Paria fragariae	东部，中西部至得克萨斯	成虫食叶，造成空洞，幼虫食根
	Rhabdopterus picipes	东部	在叶片内部切出弯曲凹槽
蓟马	变叶木蓟马（Heliothrips haemorrhoidalis）	南部室外，其他地区温室	叶片褪色发白，或变黄、掉落
	Heterothrips azaleae	东南部	危害小
	Echinothrips americanus	东南部	危害小
	Selenothrips rubrocinuctus	夏威夷	新生枝叶发白、扭曲，带有排泄物引起的斑点，幼叶更易得病
	Odontothrips pictipennis	东部	危害小
螨虫类	Oligonychus ilicis	东部，西部（加利福尼亚），南部（发病较多）	长斑或变浅色，然后变成棕色或黄色
	Tetranychus uricae	南部（其他地区温室）	长斑或变浅色，然后变成棕色或黄色
	多食细螨（Polyphagotarsonemus latus）	南部	新枝条生长不正常，叶片呈倒扣杯形，呈棕色
	Eotetranychus clitus	东南部	
	Eotetranychus sexmaculatus	西部（加利福尼亚），南部（佛罗里达）	
	Aulus atlantazaleae	东部	
毛虫、潜叶虫	Datana major	东部，南部，中西部，西部（加利福尼亚），太平洋沿岸西北部	茎干叶片集中部位落叶
	Peridroma saucia	全美	蠕虫夜晚爬上茎干，吞食新生枝叶、幼果、花
	Caloptilia azaleella	南部（佛罗里达、佐治亚），东部（纽约），太平洋沿岸西北部	幼虫潜叶，引起气泡状；将叶片卷起来，藏于内部食叶；并在卷起来的叶片内部作茧

（编写：D. G. Nielsen；核校：R. G. Linderman and D. M. Benson）

第一节　黑葡萄象甲和其他象甲虫

象甲虫成虫（鞘翅目象甲科）因其瘦长的口鼻部而命名。尽管一部分象甲虫营有性生殖，而 Otiorhynchus——杜鹃花属主要象甲虫害虫所在的属，它们营孤雌生殖。事实上，

很多种类包括 *O. sulcatus*，是不存在雄性的，因为它们对于繁殖而言不是必要的。由于雌性能够不交配进而繁殖，只需要一个只雌性 *O. sulcatus* 成虫就能使得整个苗圃被感染。

除了 *O. sulcatus* 以外，以下象甲虫也在杜鹃花中常见：*O. ovatus*、*O. rugosostriatus*、*O. meridionalis*、*Sciopithes obscurus*、*Nemoscestes incomptus*、*Pseudocneorhinus bifasciatus*、*Barypeithes pellucidus*。一项针对美国西海岸西北部地区杜鹃花种植者的调查表明，59% 反馈认为根部象甲虫是一个问题，大多数人（61%）反馈苗圃中存在多种象甲虫。最常见的 4 种象甲虫是：*O. sulcatus*、*O. ovatus*、*O. rugosostriatus*、*S. obscurus*。

杜鹃花种植者关注的另一种食根性害虫是 *Maladera castanea* syn. *autoserica castanea*。这种金龟子原产于亚洲，于 20 世纪 20 年代输入美国东北部，其生活史同象甲虫很像。金龟子的幼虫是典型的 C 形，有着黑色的头部，六只足。高龄的幼虫大约长 2 cm，并在土中做穴化蛹，成虫栗棕色，有时有天鹅绒光彩。

一、生活史

尽管每种昆虫的习性都是独特的，但这里所涵盖的所有食根性昆虫的整体生活史是类似的。由于 *O. sulcatus* 是杜鹃花中最常见的害虫，这里我们将讨论它（图 4-1、图 4-2）。

蛹期从 4 月中旬至 5 月中下旬成虫基本破蛹而出，新破蛹的成虫于 6 月下旬至 9 月产卵越冬，成虫可于 5 月下旬至 7 月初产卵。成虫为夜行性，破蛹 24 h 内就开始啃食叶片。成虫靠爬行和带虫植株运输而传播。

O. sulcatus 起源于欧洲北部，第一次在北美洲发现是在 1835 年。幼虫与成虫都是杂食性，食用包括杜鹃花在内的超过 100 种的植物。成虫通过啃食，在叶片留下缺刻（图 4-3）；而幼虫则对根系造成严重损伤，当幼虫数量多时还可能杀死植物（图 4-4 和图 4-5）。低龄幼虫食小根，高龄幼虫食较粗根，特别是靠近土壤界面部位的韧皮部和形成层。成虫在春季出现，每只根据寄主不同可产 200~1 000 枚卵。在产卵前，成虫需要 20~40 d 时间来等待生殖系统成熟。

幼虫的定位和识别对于任何一个虫害管理计划都很重要。成虫在晚春土壤表面或裂缝中产卵。幼虫孵化后钻入土中，开始啃食植物细小根系，长大后开始移向较粗的根系。幼虫通常是白色，但也透出黄色或粉红色。头部是炭黑色，身体呈 C 形，没有足（*O. sulcatus* 没有足，*Maladera castanea* 有 6 只足）。幼虫在一个生长季节内经过 6~7 龄而成熟。最后一龄是越冬阶段，通常在长势不好的植株上经常发现这一阶段的幼虫。

二、危害

对杜鹃花最严重的危害是由象甲虫幼虫引起的，它们从夏末至翌年春季啃食根系。不仅削弱植株的活力，同时还创造伤口使得土壤致病菌侵入，引起植株死亡。当高龄幼虫在春季开始环剥根系时，会造成最严重的危害。幼虫造成的根系损害会减少植物吸收养分，造成水分胁迫，抑制植物生长。幼虫数量多时可能会引起提前落叶，这种情况下可能需要从生产区域移除部分植株或全部土壤。高龄幼虫出现在晚秋或早春，通过移除有症状植株根颈附近表层土壤就能发现。

盆栽植株是否受害可以通过监听幼虫啮食的声音来检测。在专业苗圃里使用声学技术来检测是一种最佳的方法，能使后续治疗精确。

成虫的检测信号为叶片上的缺刻，这也是为春季产卵储备营养的啮食行为。观察啮食的痕迹能有利于把握施药的时间。

三、管理措施

（1）寄主植物的抗性。没有哪种杜鹃花是完全抗象甲虫的，但有些特征可以减轻啮食。有鳞杜鹃花的腺体鳞片被认为可以抵抗象甲虫的啮食，它们的叶片含有一种精油能阻止 *O. sulcatus* 的啮食。

（2）针对成虫的常规杀虫剂。成虫孕育卵期为杀虫剂施用的窗口期，种植者在产卵前能够锁定成虫。在时间和施药面积上正确使用杀虫剂，这样能很好地控制虫害。由于施药间隔限制植物上市并损害环境，重复施用可导致二次害虫暴发。

象甲虫成虫群体应该在春季用具槽的板或陷阱来监视，用以确定成虫是否开始活动。叶片边缘的缺刻是成虫活动以及预备产卵而采食的信号。在首批象甲虫出现后 2~3 周时施用杀虫剂能够杀灭相当多的象甲虫。夜晚施用杀虫剂时效果最佳，此时成虫出来活动。只要成虫不断出现，杀虫剂需每 3~4 周施用一次。

种植者应当请教当地技术推广员来确定适合当地防治象甲虫的药剂。

（3）针对幼虫的常规杀虫剂。幼虫能够被土壤杀虫剂很好地控制，在种植时就能施用这类药物起到预防效果（容器苗）或地栽、盆栽灌根。盆栽灌根的药效能够持续 2~3 年。因为小幼虫较大幼虫更容易被控制，只要检测到幼虫存在，就要尽快施用灌根杀虫剂。此外，成蛹前的幼虫通常聚集在植物冠幅下，杀虫剂往往很难接触到这里的幼虫。

同样，种植者应当请教当地技术推广员来确定适合当地防治象甲虫的药剂。

（4）驱除昆虫。驱除象甲虫可能是最有效的，不需要怎么管理的策略。不引入被象甲虫感染的植株是保持苗圃相对干净的最有效的方法。

景观绿地经常与象甲虫的感染相联系。通常，树林 56%，苗圃边界 35%，背阴地 21%，低地 11%，堆肥 9%。这些地点应该很勤勉地驱逐昆虫。外来苗圃的植物也应该小心检查后再引入。

（5）针对幼虫的生物防治剂。越来越多的生物防治剂可以作用于象甲虫和其他根系害虫，包括使得昆虫（杀死）、线虫类（*Heterorhabditis* 和 *Steinernema* spp.）、真菌 *Metarhizium anisopliae*（Hypocreales；Clavicipitaceae）生病，适时使用线虫制剂能够消除幼虫感染。在高龄幼虫时期施药，这样才能足够有效。除此以外，土温需要达到 12 ℃，土壤要足够潮湿。使用 *M. anisopliae* 能控制象甲虫幼虫 2 年。

以上 5 种用于控制 *O. sulcatus* 的方法，可能对其他感染杜鹃花的象甲虫种类也有作用。施药的时间需要根据当地气温和害虫种类而作调整。

参 考 文 献

Bostanian, N. J., Vincent, C., Goulet, H., Lesage, L., Lasnier, J., Bellemare, J., and Mauffette, Y. 2003. The arthropod fauna of Quebec vineyards with particular reference to phytophagous arthropods. J. Econ. Entomol. 96：1221－1229.

Cowles，R. S.，1995. Black vine weevil biology and management. J. Am. Rhododendron Soc. 98：83－85，94－97.

Moorhouse，E. R.，Charnely，A. K.，and Gillespie，A. T. 1992. Review of the biology and control of the vine weevil，*Otiorhynchus sulcatus* （Coleoptera：Curculionidae）. Ann. Appl. Biol. 121：431－454.

Smith，F. F. 1932. Biology and control of the black vine weevil. U. S. Dep. Agric. Tech. Bull. 325.

（编写：D. J. Bruck）

第二节　杜鹃花钻心蛾

　　钻心蛾袭击庭荫树和灌木，造成严重危害并难以防治。最常见、危害性最强的钻心虫为透翅蛾幼虫，鳞翅目透翅蛾科，包括 *Synanthedon rhododendri* （图 4－6）。

　　尽管大部分蛾类为晨昏或夜行性，但大部分的透翅蛾为白天活动。它们的外表和行为很像黄蜂或蜜蜂，但它们无法悬停。在成虫阶段吸食花蜜，寿命可能不会超过一周。

　　钻心蛾幼虫在寄主韧皮部中啃食形成层，经常打洞进入临近的木质部中，削弱植物的机械组织（图 4-7），并为病原体入侵提供便利。木本植物中，蛾类会吸引其他昆虫造成二次危害，进而引起鸟类袭击植物造成植物外伤。

　　杜鹃花钻心蛾原产于北美洲，1909 年在宾夕法尼亚州确定为作物害虫，也是北美洲最小的昆虫之一，翼展 12 mm，体长不超过 9 mm。身体为灰蓝色或黑色，腹部有 2、4 或 5 个黄色条纹环。在美国，杜鹃花钻心蛾分布从北卡罗来纳州到罗得岛州向西至俄亥俄州，危害杜鹃花和山月桂。

一、生活史

　　幼虫在树皮下越冬，翌年春季完成发育。在纽约布鲁克林区，成虫于 6 月下旬至 7 月的 6 周内羽化出现，在俄亥俄州东北部为 6 月中旬至 7 月下旬出现。

　　在羽化后的几个小时内，雌性释放出信息素吸引雄性，一旦雄性接近雌性便开始交尾，交尾时间为一小时或以上，随后雌性开始进入产卵阶段。大部分卵一般是透翅蛾生命阶段的前 3～4 d 产下的。卵单枚或呈小组产于树皮裂缝之中，经过 10～14 d 的孵化，幼虫爬出随后打洞进入树干。

二、危害

　　杜鹃花钻心蛾通常选择较大的植株作为寄主，但仍能对植株造成严重的伤害。蛀食严重的枝条可能会死亡，叶片枯萎但不凋落，这种"下垂"的症状同疫霉属枯枝病或其他真菌病害相似（图 4-8）。

　　幼虫在树皮下化蛹，羽化后从直径约 0.25 cm 的孔洞中爬出，洞在树干上随机分布。仔细观察，孔洞节处不完整的树皮也可以作为成虫出现的证据（图 4-9）。除非一个或多个枝条枯死，一般无法发现钻心蛾的存在。感染地区的定期检查能提示种植者和养护人员在危害变得严重前喷药控制。

三、管理措施

被感染的枝条应该于秋季至翌年早春修剪并烧掉，可以通过在感染植株附近放带有信息素的粘虫板来监测透翅蛾的活动。这类产品在美国已经有相当多的供货商，如 Great Lakes IPM。信息素将会吸引大量的丁香/白蜡钻心虫、黄蜂、桃树钻心虫。但这个产品对山茱萸钻心蛾和杜鹃花钻心蛾的吸引力小很多。山茱萸钻心蛾与杜鹃花钻心蛾的体型比桃树钻心蛾小了 1/2。粘虫板需要在预计第一批蛾出现前 2 周挂出，至少 1 周检查一次，第一只雄性被发现的日期需要记录。

如果接下来一周有持续不断的雄性出现，则需要在第一只雄性被发现的日期后 10～14 d 间喷药。喷药推迟的原因是雌性晚于雄性出现，雌性产卵前需要交尾，随后卵需要 10 d 孵化。一旦幼虫钻入树皮下，杀虫剂对它们就无法生效了。因此，药剂需要在成虫出现后至卵孵化前这段时间来施用。

如果可能，尽量推迟用药，一次施药的效果通常可以持续保护一个生长季。这种施药方法既经济又环保。若在施药 30 d 后仍有钻心蛾在粘虫板上，可以考虑第二次用药。

对抗透翅蛾最有效的药剂为毒死蜱（Chlorpyrifos 用于商业苗圃）、氯菊酯（Permethrin 用于绿化）、联苯菊酯（Bifenthrin 苗圃绿化均可用）、氯虫苯甲酰胺（Chlorantraniliprole 用于绿化）。注意看说明书，配置正确的浓度。

对钻心虫施药需要注意，不能仅对洞口喷药，而应对整个树皮喷药。全株喷药能发挥最大效应，不仅毒害已存在的卵，还能毒害新孵化的幼虫。

参 考 文 献

Beardsley, J. W., and Higa, S. 1976. ［Untitled detection report.］ U. S. Dep. Agric., APHIS, Coop. Plant Pest Rep. 1 (33): 538.

Cox, P. A. 1983. Dwarf Rhododendrons. Macmillan, New York.

Engelhardt, G. P. 1946. The North American clear - wing moths of the family Aegeriidae. Bull. U. S. Natl. Mus. 190.

Hoover, G. 2001. Rhododendron Borer: *Synanthedon rhododendri* (Beutenmüller). Extension Fact Sheet. College of Agricultural Sciences, Department of Entomology, Penn State University. Available online at http://ento. psu. edu/extension/factsheets/rhododendron - borer

Johnson, W. T., and Lyon, H. H. 1976. Insects That Feed on Trees and Shrubs. Cornell University Press, Ithaca. NY.

Leach, D. G. 1967. The two - thousand year curse of the rhododendron. Page 146 in: Rhododendron Information. American Rhododendron Society, Tigard, OR.

Mattson, W. J. 1980. Herbivory in relation to plant nitrogen content. Annu. Rev. Ecol. Syst. 11: 119 - 161.

Nielsen, D. G. 1980. Strategy for minimizing insect damage on rhododendrons. Pages 305 - 318 in: Contributions Toward a Classification of Rhododendron. J. L. Luteyn and M. E. O'Brien, eds. New York Botanical Garden, Bronx. Allen Press, Lawrence, KS.

Shetlar, D. 2002. Dogwood, Rhododendron & Viburnum Clearwing Borers, Ornamental Fact Sheet. The

Ohio State University. Available online at http://bugs. osu. edu/~ bugdoc/Shetlar/factsheet/ornamental/ FSdogwoodbor. htm

（编写：D. G. Nielsen；核校：F. A. Hale）

第三节　蚧　虫　类

蚧虫类昆虫是在全世界范围内影响观赏植物经济效益的最主要昆虫。这类昆虫在分类上属于半翅目胸喙亚目。胸喙亚目由蚜虫（Aphidoidea）、蚧虫（Coccoidea）、木虱（Psylloidea）、粉虱（Aleyrodidae）组成。蚜虫、蚧虫、粉虱在杜鹃花上最为常见。

蚧虫类昆虫给寄主同时带来直接啃食危害和间接危害。直接啃食危害由其刺吸式口器刺入植物体造成；间接危害为黄化失绿、落叶、小枝和分枝枯死，在虫口密度很高时甚至杀死寄主。

在某些情况下，蚧虫类昆虫还可以传播病毒如粉虱、蚜虫和粉蚧。它们的唾液注射到植物体内时对植物有毒，产生的症状与病毒引起的症状类似。蚧虫、蚜虫、粉虱还产生蜜露，引起霉污病。霉污病不仅影响植物的美观，还影响光合作用。

一、蚜虫

蚜虫是一些小型的（长 2～4 mm）软体的具有刺吸式口器、尾部具蜜管的昆虫。蚜虫通常密集成群在植物高氮部位取食，如幼嫩枝条、叶片、花蕾，造成叶片黄化、落叶以及生长缓慢。蚜虫的排泄物——蜜露还经常引起霉污病。

园林绿化植物经常被很多种蚜虫危害，但仅有少数几类蚜虫危害杜鹃花属植物。在美国西海岸北部地区，*Illinoia rhododendri*（syn. *Macrosiphum rhododendri*）作为杜鹃花的一种害虫被报道。轻病症可以通过高压水枪冲洗或者常用的蚜虫药物来处理。

二、蚧虫

在已知的 32 类蚧虫中，有文献表明仅有 7 类在杜鹃花属植物中出现。其中，有 4 种最常遇到，它们分别是蚧科、盾蚧科、绒蚧科、粉蚧科。蚧科、绒蚧科、粉蚧科会产生蜜露。蚧虫通过口器刺穿植物组织至韧皮部，由于蚧虫无法全部吸收摄入的糖分，多余的糖分便通过蜜管排出。

（一）*Eriococcus azalea*

杜鹃花最常见的蚧虫类害虫就是 *Eriococcus azalea* Comstock（Azalea bark scale；Azalea feltdae 绒蚧科）（图 4 - 10、图 4 - 11）。它的其他寄主植物还有槭树、山楂、杨树、紫薇，在美国 35 个州都有报道，东部从佛罗里达州至康涅狄格州，西部从加利福尼亚州至华盛顿州。

雌性成虫常出现在小枝分叉处或杜鹃花其他木质部，身长 2～3 mm，红色至紫色，身披白色蜡质茧。可爬行幼虫阶段体色也为深红色，卵为亮红色至暗粉色。

Eriococcus azalea 在冷凉气候地区一年发生一代，在温暖气候地区一年繁殖两代，通过带卵鞘的卵或若虫越冬。在宾夕法尼亚州，可爬行幼虫出现在 6～7 月，北卡罗来纳州为 4～5 月，俄亥俄州为 5～6 月。

被 *Eriococcus azalea* 感染的杜鹃花通常显得长势不佳，小枝枯死，叶片黄化，有霉污病。当以上病症被发现时，仔细检查能够找到身披白色蜡质茧的雌性成虫以及白色的卵囊，它们也是靠刺吸式口器取食植物汁液。由于它们还会分泌蜜露，虫群数量较大时会严重影响植株的活力。如果不治疗，将会导致杜鹃花树冠的严重衰退。

很多种方法可以用来管理 *Eriococcus azalea*。监测虫情是最优先也是最好的管理线路，少量的虫害比大量的虫害更容易控制。幼虫的出现根据地区的不同而变化，种植者应与当地相关部门或组织一起监测包括虫体出现、每日虫情模型以及植物物候等信息，以确定虫害。如果虫群已经出现，则应当检查卵囊和卵的情况。虫卵通常在产后 3 周内孵化，可爬行幼虫能够较容易地被相关杀虫剂消灭，如夏季园艺杀虫油。休眠季节园艺杀虫油能够杀灭越冬若虫，减少虫体数量。

（二）*Pulvinaria ericicola*

Pulvinaria ericicola 鲜为人知，它于 1949 年被标注为可能对杜鹃花经济效益造成严重危害的害虫（图 4-12）。事实上，*P. ericicola* 从未达到严重危害杜鹃花的程度。

它的寄主范围被限制于杜鹃花科植物。在美国，纽约州和马里兰州均报道过杜鹃花发生过此虫害，而在佛罗里达州则主要发生于马氏南烛和蓝莓上。

雌性成虫大约长 3.5 mm、宽 2 mm，淡棕色，呈薄片状。雌性成虫通常在接近土壤的木质部越冬，偶尔在根部土壤越冬。一年仅繁殖一代，在弗吉尼亚州可爬行幼虫一般于 5 月初出现，而马里兰州为 6 月初。

它造成的病症与 *Eriococcus azalea* 引起的病症类似，如叶片黄化，枯枝。防治办法可参考 *Eriococcus azalea* 的防治方法。

（三）*Pulvinaria floccifera*

Pulvinaria floccifera 是蚧科家族的一员，广布于美国东部，在西部的加利福尼亚州、俄勒冈州、得克萨斯州也有报道发现过这种害虫。其寄主植物的范围达到 35 科，但主要发生在山茶属和冬青属植物。

雌性成虫呈长椭圆形，约长 3 mm、宽 1.5 mm（图 4-13），其体色为奶油至棕褐色的斑驳杂色，身体顶部具有淡棕褐色条纹。它们在寄主茎干上发育成熟，随后移动至叶片边缘产卵。稍老的雌虫能在身后产生一个絮状白色卵囊，大约为体长的 2 倍。

通常可以在寄主叶背找到卵囊，一个卵囊含有多达 1 000 枚以上的卵。一旦孵化，1 龄幼虫移动至叶片上（图 4-14），2 龄幼虫移动至小枝，2 龄幼虫即为越冬幼虫。

在佛罗里达州和佐治亚州一年也仅发生一代，幼虫于 6 月中下旬出现。控制方法与防治 *Eriococcus azalea* 的方法类似。

（四）*Pseudaonidia paeoniae*

Pseudaonidia paeoniae 是盾蚧科成员，如图 4-15 所示。由于其身披一层蜡质，蜕

壳后的皮肤也混合其中，在国外也称为 Armored scale。杀虫剂难以穿透这层蜡质，这为它提供了某种额外的掩护。同时，该虫取食时不分泌蜜露。

Pseudaonidia paeoniae 的寄主范围较广，包括杜鹃花科的杜鹃花属植物。而它在美国的分布区域仅为美国东部和南部。

它的盔甲为卵形至圆形，凸起，灰棕色。蜕下的皮位于盔甲中部，剥去壳可见虫体为紫色，卵为黄色。未成熟的雄虫的盔甲同成熟雌虫相似，但更瘦长。成熟雄虫为具有两翅的小虫，通常为黄色至橙色。

Pseudaonidia paeoniae 能在寄主的木质部上找到，当它侵染某种寄主植物时，如果不治疗，它们会形成数量巨大的群体，造成枯枝病。一年仅发生一代，在北卡罗来纳州，幼虫于 5 月出现。

监测幼虫的出现对于减少 *Pseudaonidia paeoniae* 种群数量尤其重要。除此以外，定期翻动雌虫来检查雌虫产卵情况能够有助于制定杀灭幼虫的喷药计划。另一种方法是，利用双面胶带来监测小枝上幼虫，孵化出的幼虫在寻找栖身场所的过程中会被胶带粘住。在幼虫出现后，使用相关药剂或园艺杀虫油来阻止它们大规模的繁殖。将感染严重的枝条修剪也是减轻虫群数量的方法。

（五）长白盾蚧

长白盾蚧是同 *Pseudaonidia paeoniae* 类似的一种盾蚧科昆虫，如图 4 - 16 所示。它也身披一套盔甲，形状像贝壳，区别于 *Pseudaonidia paeoniae* 的圆形盔甲。此外，长白盾蚧是一种封闭型的种类，即被自身 2 龄阶段蜕下的壳封闭。

长白盾蚧的寄主范围很广，包括杜鹃花，但在美国杜鹃花发病不频繁。这个害虫在火棘与槭树上造成严重经济损害。而相比其他盾蚧科昆虫，长白盾蚧更为常见，在美国东北部和马里兰州，大部分常见绿化树种都发生过该虫危害。在宾夕法尼亚州一年发生一代，也有文献报道存在两代繁殖叠加的现象。

长白盾蚧靠成年雌虫越冬，在马里兰州幼虫于 6 月出现。它能引起杜鹃花小枝和大枝枯死。推荐的防治方法参考 *Pseudaonidia paeoniae* 的方法。

（六）粉蚧

粉蚧是广泛分布的粉蚧科昆虫的统称，由于其体外覆盖着一层细致粉状蜡质，因此称为粉蚧。以下种类见于杜鹃花属植物：*Dysmicoccus wistariae*、*Ferrisia gilli*、*F. virgate*（图 4 - 17）、*Pseudococcus longispinus*（图 4 - 18）、*P. comstocki*、*P. maritimus*（图 4 - 19）、*P. viburni*（图 4 - 20）。以上粉蚧均有广泛的寄主范围，但没有一种特别偏好寄生杜鹃花。

同蚧科昆虫一样，粉蚧也产生蜜露，霉污病通常同粉蚧一起发生。粉蚧终身均可移动，在身体周围产生蜡质纤维。在前面提及的粉蚧中，粉蚧属昆虫通常拥有 2～4 条稍长的尾状纤维。

不同种类的粉蚧有不同的生活史，依据温度的高低，大部分种类一年能繁殖多代。对于粉蚧的防治方法可以参考蚧科昆虫防治方法，如修剪、高压冲水、局部和系统杀虫剂。

三、粉虱

粉虱为半翅目粉虱科昆虫，与粉蚧、蚜虫具有较近的亲缘关系。其名字源于小的类似于蛾蝶形状的具翅的成虫（2～4 mm），成虫虫体和翅均具备白色细腻蜡质（图4-21）。未成熟的粉虱（1～2 mm）通常分布于叶片背部，由于这一阶段的幼虫扁平而圆往往被误认为盾蚧。

粉虱取食时造成的影响与上一节蚧类昆虫造成的影响很相似，通过刺吸式口器从植物韧皮部吸取汁液。大量的粉虱虫群能够引起叶片黄化或落叶，幼虫取食会分泌蜜露，正是由于幼虫聚集在叶背，从而使得下部叶片的表面或树干积累蜜露。

粉虱的种类很多，在不同的场地，如苗圃、城市园林、经济作物、温室中均能生存。有些粉虱具有耐杀虫剂的能力，从而成为危害严重的害虫，有些粉虱则是植物病毒的传播者。观测粉虱的方法为翻开黄化和健康叶片背部，可以通过温和摇动植株来检测成虫。摇晃植株后可看见飞起来的成虫，并且通过飞起的虫量来判断植株上粉虱的数量。

（一）杜鹃花粉虱

很多文献将杜鹃花粉虱作为杜鹃花属植物的害虫，鉴定为 *Dialeurodes chittendeni*，于 2001 年划入 *Massileurodes*，拉丁学名为 *Massileurodes chittendeni*。此虫在美国的加利福尼亚州、康涅狄格州、哥伦比亚特区、马里兰州、纽约州、宾夕法尼亚州、田纳西州、华盛顿州均有分布。

杜鹃花粉虱成虫体长为 2.0～2.5 mm，身体为黄至橙色，翅被有白色细腻蜡质。同其他粉虱一样，杜鹃花粉虱将卵产于叶片背面，一旦幼虫孵化就停留在原地并取食。随着虫体发育和幼虫取食，受害叶片出现黄化，受害叶片下部可能出现蜜露和霉污病症。

观测叶背的幼虫和卵及蜜露是否存在、轻晃叶片刺激成虫起飞均可以检测杜鹃花粉虱的存在。当幼虫出现后，尽早使用杀虫剂能有效控制虫害发生。随着夏季的到来，粉虱各代会叠加，使得虫害管理难度增加。使用园艺杀虫油或夏季杀虫油能够减少各年龄段的粉虱，但还要使用其他方法来辅助控制。

（二）踯躅粉虱

踯躅粉虱于 1910 年首次出现在美国，随后在东南部各州出现，最北至明尼苏达州，最西至加利福尼亚州。

成虫体长 1.5 mm，呈淡黄色，虫体和两翅被均有细腻白蜡质。于杜鹃花叶片背面产卵，幼虫为卵形，长 1 mm，淡黄色。

危害与 *M. chittendeni* 类似，如叶片黄化、叶片蜜露和烟煤病，检测和治疗方法参考 *M. chittendeni* 的方法。

参 考 文 献

Ben Dov, Y., Miller, D. R., and Gibson, G. A. P. n. d. ScaleNet. Available online at www. sel. barc. usda. gov/scalenet/scalenet. htm

Dreistadt, S. H. 2004. Pests of Landscape Trees and Shrubs: An Integrated Pest Management Guide. 2nd ed. Statewide IPM Project，University of California，Division of Agriculture and Natural Resources，Pub. 3359. University of California，Oakland.

Evans，G. A. 2005. Whitefly Taxonomic and Ecological Website. Available online at www. sel. barc. usda. gov：8080/1WF/whitefly _ catalog. htm

Hamon，A. B.，and Williams，M. L. 1984. The soft scale insects of Florida（Homoptera：Coccoidea：Coccidae）. In：Arthropods of Florida and Neighboring Land Areas. Florida Department of Agriculture and Consumer Services，Division of Plant Industry，Gainesville.

Hodges，G. S. 2001. Life history information（including degree - day relationships）and taxonomy of scale insects found in the urban landscape. Ph. D. diss. University of Georgia，Athens.

Johnson，W. T.，and Lyon，H. H. 1988. Insects That Feed on Trees and Shrubs. 2nd ed. Comstock，Itha-ca，NY.

Kosztarab，M. 1996. Scale Insects of Northeastern North America：Identification，Biology，and Distribu-tion. Virginia Museum of Natural History，Martinsburg.

Miller，D. R.，and Davidson，J. A. 2005. Armored Scale Insect Pests of Trees and Shrubs. Cornell Univer-sity Press，Ithaca，NY.

Miller，D. R.，and Miller，G. L. 1993. Eriococcidae of the Eastern United States（Homoptera）. Contr. Am. Entomol. Inst. 27：1 - 91.

Dreistadt，S. H. 2004. Pests of Landscape Trees and Shrubs：An Integrated Pest Management Guide. 2nd ed. Statewide IPM Project，University of California，Division of Agriculture and Natural Resources，Pub. 3359. University of California，Oakland.

Johnson，W. T.，and Lyon，H. H. 1988. Insects That Feed on Trees and Shrubs. 2nd ed. Comstock，Itha-ca，NY.

（编写：G. S. Hodges）

第四节　网蝽、杜鹃花嫩梢瘿蚊和金龟子

一、网蝽

　　冠网蝽属（*Stephanitis*）中的 3 种网蝽能够危害包括杜鹃花在内的杜鹃花科植物。杜鹃网蝽（*Stephanitis rhododendri*）被认为是原产于北美洲的害虫，然而杜鹃花冠网蝽（图 4 - 22）和 *S. takeyai*（图 4 - 23）起源于亚洲。*S. rhododendri* 在从加拿大至佛罗里达州、美国太平洋西北沿岸、欧洲、南非都有分布。据报道，杜鹃花冠网蝽在阿根廷、澳大利亚、中国、德国、日本、朝鲜半岛、摩洛哥、荷兰、美国东部均有分布，是栽培踯躅杜鹃的主要害虫。*S. takeyai* 在欧洲、印度、日本、美国东南部出现，通常危害马醉木。

　　网蝽能危害多种杜鹃花科植物，包括踯躅杜鹃、高山杜鹃、南烛、马醉木以及山月桂。而每种网蝽都有其最佳寄主，*S. takeyai* 为马醉木，*S. pyrioides* 为踯躅杜鹃类，*S. rhododendri* 为高山杜鹃类。

　　网蝽在叶背从气孔将口器伸入取食栅状组织叶肉，植物受此伤害，如图 4 - 24、图 4 - 25 和图 4 - 26 所示。这种取食活动造成叶片黄化，同时伴有其他症状使得植株观赏性下降，如若虫蜕皮、深色虫粪。生在全日照环境中的植株更易受网蝽危害，根据地理位

置和杜鹃花属植物种类的不同，一年内网螨可繁殖 2～4 代。

网螨已经可以通过接触型或内吸杀虫剂来控制，但天敌的保护也要受到重视。网螨的天敌有肉食性盲蝽（*Stethoconus japonicus*）和 *Rhinocapsus vanduzeei*、卵寄生蜂（*Anagrus takeyanus*），此外还有多种肉食性昆虫和蜘蛛。与后期世代叠加的网螨相比，对越冬卵中孵化的第一代若虫的管理可能更少需要化学药剂的干预。踯躅杜鹃和马醉木的不同种类对网螨的抗性不同，这为减少网螨发病提供了品种选择。

二、杜鹃花嫩梢瘿蚊

杜鹃花嫩梢瘿蚊（*Clinodiplosis rhododendri*）是一种原产于美国东部的害虫，向南分布至北卡罗来纳州、佐治亚州。它可危害城市园林绿化和盆栽杜鹃花的新芽和嫩叶，造成叶卷曲和变色（图 4-27）。

在康涅狄格州，杜鹃花嫩梢瘿蚊一年至少可以繁殖 3 代。成虫于春季紧随新枝萌发而出现，在杜鹃花第一轮枝叶生长结束后，此虫出现世代叠加。对一代害虫的防治能减少后期虫害，可以通过杀灭土壤中的越冬幼虫或对新生枝叶喷药的方式预防此虫。

三、草莓金龟子

草莓金龟子（*Paria fragariae*）是一种严重影响杜鹃花生产的害虫，它也在北美鼠刺（*Itea virginica*）、石斑木（*Rhaphiolepis indica*）以及枸子、月季、蓝莓上出现。成虫危害多种植物，主要危害蔷薇科植物。

草莓金龟子成虫体长约 3 mm，卵形，体色棕色有光泽，鞘翅上有 4 个斑点（图 4-28）。它们在夜间啃食杜鹃花或其他观赏植物的叶片，白昼潜伏于叶丛或地面落叶堆中。可在地面放置浅色地布后，摇晃或拍打受害植株来检测成虫的存在。

成虫在花和叶片上产卵，孵化的幼虫跌入地面或盆土内，幼虫啃食植物根系或盆土内的有机物质。幼虫经过 4 龄成蛹，再出土为成虫。

成虫在地面枯叶丛或盆土中越冬，在温度较高时出来觅食，越冬成虫是每年春季第一批危害虫群。成虫的啃食是该虫害最大的问题，它们对叶片造成圆形或椭圆形的小孔。

草莓金龟子在美国东部、中西部州至得克萨斯州，一年仅繁殖一代；而在密西西比沿墨西哥湾沿岸能繁殖 4 代，其中 4 月、6 月、7 月以及 8～9 月为成虫高峰，使得之后形成大型群体，危害严重。

最好通过清洁措施来控制病情，即清理植株附近枯枝落叶，使得成虫无法找到越冬场所。而消灭早期出现的成虫能预防后期成虫的危害。因为，成虫为夜行性，最好在天黑后带着手电筒来检查植物是否有虫害。

四、蔓越莓金龟子

蔓越莓金龟子（*Rhabdopterus picipes*）能够对杜鹃花和很多灌木造成严重危害。成虫于夜间觅食，在叶片啃食出弯曲的凹口（图 4-29）。这种现象通常在地被植物稠密的林荫地区常见。幼虫的啃食对经济的影响不大。

蔓越莓金龟子是一种棕色至绿色有光泽的金龟子，体长约 5 mm。美国东部广泛分布，在密西西比州和佐治亚州，每年 4～5 月出现成虫，一年繁殖一代。

对于蔓越莓金龟子的防治方法可以参考草莓金龟子的防治方法，有趣的是对杜鹃花冠网蝽有抗性的品种容易感染蔓越莓金龟子，而对蔓越莓金龟子有抗性的品种'Delaware Valley White'无法抵抗杜鹃花冠网蝽。

参 考 文 献

Balsdon, J. A., Braman, S. K., and Espelie, K. E. 1996. Biology and ecology of *Anagrus takeyanus* (Hymenoptera: Mymaridae), an egg parasitoid of the azalea lace bug (Heteroptera: Tingidae). Environ. Entomol. 25: 383 - 389.

Braman, S. K., Pendley, A. F., Sparks, B., and Hudson, W. G. 1992. Thermal requirements for development, population trends and parasitism of azalea lace bug (Heteroptera: Tingidae). J. Econ. Entomol. 85: 870 - 877.

Drake, C. J., and Ruhof, F. A. 1965. Lace Bugs of the World: A Catalogue (Hemiptera: Tingidae). U. S. Nat. Mus. Bull. 243.

Johnson, W. T., and Lyon, H. H. 1988. Insects that Feed on Trees and Shrubs. 2nd ed. Cornell University Press, Ithaca, NY.

Neal, J. W., Jr., and Schaefer, C. W. 2000. Lace bugs (Tingidae). Pages 83 - 137 in: Heteroptera of Economic Importance. C. W. Schaefer and A. R. Panizzi, eds. CRC Press, Boca Raton, FL.

Wang, Y., Robacker, C. D., and Braman, S. K. 1998. Identification of resistance to azalea lace bug among deciduous azalea taxa. J. Am. Soc. Hortic. Sci. 123: 592 - 597.

Hanula, J. L. 1991. Seasonal abundance and control of the rhododendron, gall midge, *Clinodiplosis rhododendri* (Felt), in container grown *Rhododendron catawbiense* Michaux. J. Environ. Hort. 9: 68 - 71.

Boyd, D. W., Jr., and Hesselein, C. P. 2004. Biology of the strawberry rootworm, *Paria fragariae* (Coleoptera: Chrysomelidae) in containerized azaleas. Proc. SNA Res. Conf. 49: 200 - 202.

Robacker, C. K., Braman, S. K., Florkowska, M., and Lindstrom, O. 1998. Ocena podatnasci gatunkow I odmian azalii na *Rhabdopterous picipes* (Oliver) [Susceptibility of deciduous azalea species and cultivars to *Rhabdopterus picipes* (Oliver) - cranberry rootworm](In Polish.) Erica Polon. 9: 43 - 50.

（编写：S. K. Braman and S. Nair）

第五节 蓟 马

一、温室蓟马

已知很多种蓟马能危害杜鹃花的花朵和叶片，最常见的就是变叶木蓟马，在欧洲于 1833 年发现、美国于 1870 年发现。它被认为原产于南美洲，现在世界范围广布。在栽培植物和野生植物上均有发现，寄主范围很广，能给经济作物和观赏植物造成经济损失。在冷凉地区，多作为温室害虫，尽管在纽约长岛地区附近并没有温室，但在 9 月该地区的户外环境发现过变叶木蓟马。

蓟马在杜鹃花叶片正反两面取食，使得叶片失绿黄化，可能落叶。发病始于荫庇环境或老叶，进而向幼叶和阳光更充足的部分发展。在蓟马取食的区域可以看见小而黑的粪便。

蓟马能孤雌生殖，雄虫存在但少见，成虫体长 1 mm，黑色，腿为淡黄色，前翅基部发白（图 4-30）。蓟马产卵于叶肉内，经过 4～8 d 孵化。一龄若虫为浅黄色，随后转为黄色，可能通过携带粪便来吓退天敌。经过 15～25 d，发育成熟。可以通过卵和成虫越冬，根据地理位置不同，每年能繁殖 5 代甚至更多代。叶用杀虫剂可以控制成虫和若虫，方法为 7～14 d 施用一次，叶片正反两面喷雾。

二、其他蓟马种类

其他种类的蓟马对杜鹃花的影响不严重，*Heterothrips azaleae* 在美国东南部以踯躅杜鹃为食，同其他昆虫一样，传播杜鹃花瓣枯萎病（*Ovulinia azaleae*）。

Echinothrips americanus 原产于美国东南部，偶尔成为温室害虫。现已传入欧洲，并在温室内危害盆栽杜鹃花。它与变叶木蓟马类似，但腿的颜色更深，前翅颜色更浅。以上3 种蓟马的危害程度和危害地区也很类似，可参考变叶木蓟马的内容。

Selenothrips rubrocinctus 在夏威夷地区危害杜鹃花，成虫体色黑色，若虫和蛹为橘黄色或淡黄色，前三节和最后一节腹部为亮红色。*S. rubrocinctus* 更喜欢幼嫩叶片，使得新生枝叶扭曲失绿，受害区域有蓟马粪便，严重时导致落叶。

在德国，杜鹃花生产中偶尔有 *Frankliniella occidentalis*，在欧洲也被称为加利福尼亚蓟马。此外，还有一种蓟马 *Odontothrips pictipennis*，产于美国东部，在杜鹃花 *R. nudiflora* 的花上觅食。

参 考 文 献

Commonwealth Scientific and Industrial Research Organisation（CSIRO），2009. World Thysanoptera. *Heliothrips haemorrhoidalis*. Available online at http：//anic. ento. csiro. au/thrips/identifying_thrips/index. html

Crawford，J. C. 1940. The male of *Heliothrips haemorrhoidalis*（Bouché）（Thysanoptera）. Proc. Entomol. Soc. Wash. 42（4）：90-9l.

Denmark，H. A. , and Fasulo，T. R. 2010. Greenhouse Thrips，*Heliothrips haemorrhoidalis*（Bouché） Insecta：Thysanoptera：Thripidae. University of Florida，IFAS Extension，Publ. EENY075. Available online at http://edis. ifas. ufl. edu/pdffiles/IN/IN23200. pdf

English，L. L. , and Turnipseed，G. F. 1940. Insect pests of azaleas and camellias and their control. Ala. Agric. Exp. Stn. Circ. 84.

Sakimura，K. , and Krauss，N. L. H. 1945. Collections of thrips from Kauai and Hawaii. Proc. Hawaii. Entomol. Soc. 12（2）：319-33l.

Smith，F. F. , and Weiss，F. 1942. Relationship of insects to the spread of azalea flower spot. U. S. Dep. Agric. Tech. Bull. 798.

Abanowski，G. 2007. Poinsettia thrips（*Echinothrips americanus* Morgan）—Occurrence in Poland and pos-

sibilities of control (in Polish). Progr. Plant Prot. 47：289 - 302.
Dalchow，J. 1988. California flower thrips now also on azaleas (In German). Gärtnerb. Gartenw 88 (32)：1366.

（编写：D. O. Gilrein）

第六节　叶 螨 类

一、南方红螨

杜鹃花属植物很少受到螨类的危害，然而最常见的、广布的、危害严重的种类是 *Oligonychus ilicis*。其为叶螨科昆虫，1917 年在南卡罗来纳州的冬青属植物 *Ilex opaca* 上第一次被发现，在美国东部多个州及加利福尼亚州，欧洲、日本以及南非均有发现。它能感染超过 30 种植物，如某些冬青属植物、桤叶山柳（*Clethra alnifolia*）、腺肋花楸属、山茶属、木犀榄（*Olea oleaster*）、火棘属、桂樱属、云杉属。

螨类能在叶片正面和背面取食，危害症状表现为叶片出现斑点、失绿、变棕、变黄，危害严重时可能导致落叶。而新萌发的叶片被啃食后会扭曲生长。

O. ilicis 所有的阶段包括卵，均为深红色至棕红色。雌性成虫体长约为 0.5 mm（图 4 - 31），它们在凉爽至中等气温下最为活跃，在气温较高的期间种群数量减少。以叶片背面产卵的形式越冬。

推荐以下两种方式来控制 *O. ilicis*：第一，向越冬卵喷施园艺杀虫油；第二，在春季卵孵化期或螨呈现运动时正确施用杀螨剂。

二、二斑叶螨

二斑叶螨（*Tetranychus urticae*）是杜鹃花的常见害虫，特别是在温室环境和气候较为温暖的地区，如美国南部。叶螨科昆虫通常在叶片背面取食，植物受害症状类似于 *O. ilicis* 引起的症状，即叶片出现斑点或变黄失绿。

二斑叶螨的体色为浅黄色至暗橙色（在冷凉气候中呈现暗橙色），以腹部两侧各有一个暗绿色斑点为特征（图 4 - 32）。二斑叶螨雌性成虫略小于 *O. ilicis* 雌性成虫。与 *O. ilicis* 相比，二斑叶螨喜欢温暖而干燥的气候，而使用如甲萘威、拟除虫菊酯将会导致二斑叶螨暴发。大多数园艺杀虫油并不能杀死越冬的成虫。

三、茶黄螨

茶黄螨（*Polyphagotarsonemus latus*）是踯躅杜鹃上的一种偶见害虫，主要分布于热带地区，在美国南部能造成危害，同时在冷凉气候的保护栽培区也能生存。

茶黄螨危害植株顶生枝叶，造成发育障碍、幼叶畸形生长以及发黑的倒扣杯形老叶。这种虫引起的症状有时与肥害、药害引起的症状类似。

成虫小，肉眼很难辨认，在肉眼无法辨认成虫或难以辨认成虫时可以通过检查虫卵来确定是否感染虫害。在放大镜下可以容易看到结节，即使卵孵化，卵壳坍塌，结节仍可以存在一段时间。成虫可以通过飞行、爬行传播。该虫喜欢中等气温环境，而在较热、干燥环境下不利于虫群繁殖。

虫害管理始于症状确认，随后喷洒杀虫剂如园艺杀虫油，大部分针对叶螨科昆虫有效的杀虫剂对茶黄螨无效，所以需谨慎选择普通杀虫剂。

Phytonemus pallidus 也偶尔危害踯躅杜鹃，引起矮小症和新生枝条扭曲生长类似的症状。同茶黄螨一样，它也喜中等气温，不适应干热环境，在温带地区可以在户外越冬。

四、其他螨类

杜鹃花属植物中还报道了两种少见的害虫 *Eoteranychus clitus*、*E. sexmaculatus*。*E. clitus* 在美国东南部危害踯躅杜鹃和其他植物；*E. sexmaculatus* 则在加利福尼亚州、佛罗里达州危害踯躅杜鹃，此外还严重危害柑橘和鳄梨，在亚利桑那州危害葡萄，而在加利福尼亚州湿润、温和的海岸危害最严重。

两种瘿螨科昆虫危害杜鹃花属植物：*Aculus atlantazaleae* 在美国东北部的 *R. atlanticum* 上发现过，此虫在叶片基部和芽附近出现；*Disella ovatum* 在 2008 年中国种源的马银花上报道出现。

杜鹃花上其他螨类昆虫报道如下：

（1）两种叶片害虫，一种 *Vimola tampae*（syn. *Rhynacus tampae*）来源佛罗里达州，另一种 *Aculus rhododendronis*（syn. *Phyllocoptes rhododendronis*）见于加利福尼亚州的杜鹃花 *R. occidentale* 的叶片背面。

（2）在欧洲，*Aceria alpestris*（orig. *Phytoptus alpestris*）能引起杜鹃花 *R. hirsutum* 和锈色杜鹃叶片卷曲；*Phyllocoptes thomasi* 能引起锈色杜鹃叶片卷曲；*Phyllocoptes azalea* 则引起皋月杜鹃的叶片卷曲。

并非所有的杀虫剂对瘿螨科害虫有效，而施药时间尤为关键，正确时机施药能控制处于隐秘位置的害虫，预防明显的叶片损伤。

粉螨科害虫 *Tyrophagus dimidiatus* 与似虱螨科害虫 *Tarsonemoides belemnitoides* 在欧洲温室中偶尔危害踯躅杜鹃。*Tyrophagus dimidiatus* 常与似虱螨科害虫联合危害植物，在欧洲杜鹃花栽培中还有 *Tarsonemoides ellipticus*（orig. *Tarsonemus ellipticus*）和 *Tarsonemoides crassus*。

Brevipalus obovatus（syn. *B. inornatus*）在世界范围内广布，能寄生于包括杜鹃花等多种植物，属于细须螨科。它们行动缓慢，虫体扁平呈暗红至橘红色，不产生丝网。通常在叶片背面取食，也在茎干处取食。受害症状因植物种类不同而变化，但一般叶片上下两面会出现棕色叶斑和黄色叶斑。一般以成虫越冬，偶尔以其他虫龄的虫体越冬。越冬时蛰伏于植物茎干基部或保护地的叶片下，在温室中可全年活动，雄性成虫少见。

踯躅杜鹃上也发生过 *B. phoenicis* 和 *B. californicus*。这 3 种细须螨科昆虫是严重危害柑橘的害虫。

参　考　文　献

Bolland，H. R.，Gutierrez，J.，and Flechtmann，C. H. W. 1998. World catalogue of the spider mite family（Acari：Tetranychidae）. Brill Academic，Leiden，the Netherlands.

Denmark, H. A., Welbourn. W. C., and Fasulo, T. R. 2009. Southern Red Mite, *Oligonychus ilicis* (McGregor) (Arachnida: Acari: Tetranychidae). University of Florida, IFAS Extension Publ. EENY376. Available online at http://edis. ifas. ufl. edu/in680

Ehara, S. 1963. A new mite of *Oligonychus* from rice, with notes on some Japanese spider mites (Acarina: Tetranychidae). Jpn. J. Appl. Entomol. Zool. 7 (3): 228 - 231.

Jeppson, L. R., Keifer, H. H., and Baker, E. W. 1975, Mites Injurious to Economic Plants. University of California Press, Berkeley.

Johnson, W. T., and Lyon, H. H. 1988. Insects That Feed on Trees and Shrubs. Comstock Publishing Associates, Cornell University Press, Ithaca, NY.

Rota, P., and Biraghi, C. 1987. *Oligonychus ilicis* (McGregor): Acaro tetranichide nuovo per l'Europe, fitofago su azalee, camelie e rododendri. (*Oligonychus ilicis* (McGregor): A tetranychid mite new to Europe, phytophagous on azaleas, camellias and rhododendrons.) (In Italian.) Inform. Agrar. 43 (15): 105 - 107.

White, R. P. 1933. The insects and diseases of rhododendron and azalea. J. Econ. Entomol. 26 (3): 631 - 640.

Dosse, G. 1957. Die ersten Funde von *Brevipalpus inornatus* Banks (Acar, Phytoptipalpidae) in europais-chen Gewachshausern. (The first finds of *B. inornatus* in European glasshouses). (In German.) Pflanzenschutzberichte 18 (1 - 2): 13 - 17.

Ehara, S. 1963. A new mite of *Oligonychus* from rice, with notes on some Japanese spider mites (Acarina: Tetranychidae). Jpn. J. Appl. Entomol. Zool. 7 (3): 228 - 231.

Heungens, A. 1983. Triebspitzenmilben in der Azaleenkultur. Schon ein geringer Befall verursacht grosse Schaden. (Shoot tip mites in azalea culture. Even a limited infestation causes severe damage.) (In German.) Gärtnerb. Gartenw. 83 (30): 791 - 793.

Heungens, A. 1986. Weekhuidmiten in de azaleateelt en vergelijkende bestrijdingsresultaten op andere waardplanten. (Soft - skinned mites in azalea culture and comparable control results on other host plants). (In German.) Verb. Belg. Siert. 30 (5): 257 - 269.

Heungens, A. 1993. Chemical control of the soft mite *Tarsonemoides belemnitoides* Weis - Fogh (Tarsone-matidae) in azalea culture. Parasitica 49 (1/2): 3 - 9.

Heungens. A., and Tirry, L. 2002. De curatieve bestrijding van de stromijt *Tyrophagus dimidiatus* (Acari: Astigmata: Acaridae) op *Rhododendron simsii*. (The curative control of *Tyrophagus dimidi-atus* on *Rhododendron simsii*). (In German.) Parasitica 58 (1): 43 - 47.

Heungens, A., and van Daele, E. 1977. De bestrijding van *Brevipalpus obovatus* tijdens de winter in de azaleateelt. (The control of *Brevipalpus obovatus* during the winter on cultivated azalea.) (In German.) Meded. Fac. Landbouwkd. Toegep. Biol. Wet. Univ. Gent 42: 1463 - 1469.

Jeppson, L. R., Keifer, H. H., and Baker, E. W. 1975. Mites Injurious to Economic Plants. University of California Press, Berkeley.

Johnson, W. T., and Lyon, H. H. 1988. Insects That Feed on Trees and Shrubs. Comstock Publishing Associates, Cornell University Press, lthaca, NY.

Keifer. H. H. 1940. Eriophyid Studies X. Bull. (Dep. Agric. Calif) 29 (3): 160 - 179. California Depart-ment of Food and Agriculture. Available online at www. cdfa. ca. gov/plant/ppd/PDF/Bulletin1940 _ Eri-ophyidStudiesX. pdf

Keifer, H. H. 1959. Eriophyid Studies XXVII. Occas. Pap. (Bur. Ento - mol) 1: 7. California Department of Food and Agriculture. Available online at www. cdfa. ca. gov/plant/ppd/PDF/Occasional _ Papers%20 _ 01. pdf

Keifer，H. H. 1963. Eriophyid Studies B - 10：1 - 20. California Department of Food and Agriculture. Available online at www. cdfa. ca. gov/plant/ppd/PDF/EriophyidStudiesB - 10. pdf

Nalepa，A. 1894. Katalog der bisher beschriebenen gallmiben，ihrer gallen und nährpfanzen.（In German.） Pages 274 - 328 in：Zoologische Jahrbücher：Abtheilung fur Systematik，Geographie und Biologie der . Thiere，vol. 7. J. W. Spengel，ed. Available online at www. biodiversitylibrary. org

Nalepa，A. 1895. Neue gallmilben（note）.（In German.）Anz. Akad. Wiss. Wien 32（20）：212. Available online at www. biodiversitylibrary. org

Nalepa，A. 1895. Beiträge zur kenntniss der gattungen Phytoptus Duj. und Monaulax Nal.（In German.） Denkschr. Akad. Wiss. Wien62：637. Available online at www. biodiversitylibrary. org

Nalepa，A. 1897. Zur kenntniss der Phyllocoptinen. Denkschr. Akad. Wiss. Wien 64：384. Available online at www. biodiversitylibrary. org

Nalepa，A. 1904. Neue gallmilben（note）.（In German.）Anz. Akad. Wiss. Wien 41（23）：335. Available online at www. biodiversitylibrary. org

Wang，G - Q.，Wei，S - G.，and Yang，D. 2008. A new eriophyoid mite（Acari：Eriophyidae）from *Rhododendron ovatum*（Ericaceae）in China. Ann. Zoolog. 58（2）：379 - 382.

White，R. P. 1933. The insects and diseases of rhododendron and azalea. J. Econ. Entomol. 26（3）：631 - 640.

（编写：D. O. Gilrein）

第七节　毛虫、夜蛾和潜叶虫

一、舟蛾科昆虫

Datana major 在美国东南部是一种严重危害踯躅杜鹃的毛虫，高山杜鹃较踯躅杜鹃更少受到这种毛虫危害，而在蓝莓、红槲栎（*Quercus rubra*）也有虫害报道。在大西洋沿岸地区，马醉木和苹果偶尔感染此虫。

D. major 体长从初期约 10 mm，至后期 50 mm。初期体色为泛红至棕色、黑色，带有白色和黄色条纹；年老的幼虫体色为黑色，带有 8 条接近白色的纵向条纹。头部和足为暗红色。毛虫通常在发现时就已经吃掉了植物很多叶片，啃食时留下叶片中脉，仅吃较为鲜嫩的叶片。它们具有群居性，所以群居啃食，最为明显的特征是在受到外力干扰时，虫体会一起抬起头部和臀部（图 4 - 33）。

成虫少见，成虫为淡棕色，翅展约为 45 mm。雌虫于叶片背面产下卵块，数量为 80~100 枚，一年仅繁殖一代。一龄幼虫在未受外力影响下，为群体性啃食植物叶片。以 8~9 月虫害最为严重。

幼虫的群体性也有利于人工捕杀，通过常规的药物也可以控制。

二、夜蛾

夜蛾科多个种类的毛虫能够攀上枝头，寻找最鲜嫩的嫩梢为食。大部分夜蛾科种类危害多种树木、藤本植物、草本植物、饲料作物、大田作物、观赏植物，同时也危害杜鹃花。在美国弗吉尼亚州以下夜蛾危害苹果：

(1) *Feltia faculifera* 每年产卵一次，8～11 月。

(2) *Xestia c - nigrum* 每年产卵两次，8～9 月。

(3) *Euxoa messoria* 每年产卵一次，8～9 月。

(4) *Peridroma saucia* 每年产卵两次，4～10 月。

(5) *Abagrotis alternate* 每年产卵两次，6～10 月。

(6) *Spaelotis clandestine* 每年产卵两次，5～10 月。

杜鹃花上虫害发生最多的害虫是 *Peridroma saucia*，分布最北可达加拿大和阿拉斯加，最南可达南美洲，同时在欧洲和地中海地区也有发现。在美国，西北太平洋沿岸和东北部的一些州发病最为严重，而在美国其他地区偶尔发生。

自早春至夏末，*P. saucia* 在寄主上吞食幼叶、芽、花，虫害发生是不定时的、随机的。由于夜蛾为夜行性昆虫，所以一般只见啃食痕迹而不见虫体。

幼虫体色为浅灰色至淡棕色，点缀有深棕色（图 4 - 34）。腹部至少前四节有两个黄色或橘色斑点，腹部第八节同时具有黑色和黄色斑点。高龄幼虫可以达到 40 mm 长，蜷曲成 C 形。最后一龄幼虫会钻入地下，以接近地面附近的植物为食。以蛹的形式越冬，蛹为泛红的棕色，长 15～20 mm。

成虫前翅为黄色或棕色带有灰色斑点，后翅的翅脉和边缘为棕色，翅展 3.8～5.0 cm。雌虫一生中可产卵超过 2 000 枚。每个卵块至少含有 60 枚卵，雌虫产卵块于低矮植物的茎干或叶片、篱笆、建筑物。夏季，卵会在 5 d 内孵化。根据地区纬度和气候不同，每年可繁殖 2～4 代。

预防管理中观测虫情是非常重要的一环。当虫害出现时，种植者应该仔细检查植物，包括地面的枯落物，这些地方可能藏有幼虫。一些夜蛾种类在夜间活动更多。杀虫剂如多杀霉素，以及拟除虫菊酯类产品是有效的。除此以外，含有苏云金芽孢杆菌的产品可喷于芽和嫩梢，但是需要及时补药以保证药效。

三、蹶蹋潜叶虫

蹶蹋杜鹃是 *Caloptilia azaleella* 已知的唯一寄主，美国种植蹶蹋杜鹃花的地区均有发生。纽约每年发生 2 代，佐治亚州发生每年 3～4 代；而在佛罗里达州全年都活动，并被描述为冬季害虫，可能是因为在冬季的几个月感染减少。

除了南方温暖气候地区，室外种植的杜鹃花受潜叶虫危害较室内种植的杜鹃花更轻，不过温室内的扦插枝条可以被销毁。被潜叶虫严重损害的叶片通常变黄并掉落，使得植物不美观。

潜叶虫幼虫微黄色，体长约 13 mm。共有 3 对足，分别位于腹部第三、四、五节，足钩排列成 U 形，如图 4 - 35 所示。

成虫小，翼展 10～13 mm，翅为黄色带泛紫色的斑点。在植物开花的同时，潜叶虫从茧中孵出，交配，产卵繁殖。在植物叶背沿中脉产下 1～5 枚卵（每叶），卵经过 4～5 d 开始孵化。

幼虫孵化后随机钻入叶片，并在叶片内觅食。这一阶段叶片可能呈现气泡状，将光源从反面照过叶片观察，可以看到幼虫。潜叶状态占其生命过程中约 1/3，随后钻出叶片卷叶营生，即移动至幼叶先端，将叶片卷起以隐蔽自身并在内部取食。在化蛹之前会将叶片边缘卷起并在里面作茧，以蛹或幼虫形式越冬。而在温室内，幼虫几乎全年可见。

　　可以通过摘除感染叶片来消灭潜叶虫幼虫，如果工作量太大则可以考虑使用多杀菌素、拟除虫菊酯或阿维菌素。当刚刚出现潜叶虫引起的气泡症状时应叶片正反两面喷药。种植者需要理解，在户外喷施拟除虫菊酯可能对寄生蜂和昆虫天敌有消极作用，而大部分烟碱类农药对潜叶虫没有效果；同时，用药时机也很重要，推荐以下用药方法：在潜叶虫钻出叶片进入卷叶阶段时间重复施药一次。在佐治亚州南部有 6 种姬小蜂科昆虫为潜叶虫天敌，此外还有 2 种茧蜂科昆虫和 1 种姬蜂科昆虫也是潜叶虫天敌。在佛罗里达州，部分踯躅杜鹃品种更少受到潜叶虫危害。此外，还可以通过一种信息素来检测潜叶虫的虫情。

参 考 文 献

Baker，J. R.，ed. 1984. Insects and Related Pests of Shrubs：Some Important，Common，and Potential Pests in the Southeastern States. N. C. Agric. Ext. Serv. Publ. AG - 189. North Carolina State University，Raleigh.

Cranshaw，W. 2004. Garden Insects of North America. Princeton University Press，Princeton，NJ.

Dekle，G. W. 1962. Azalea Caterpillar. Entomology Circ. 6. Oct. Florida Department of Agriculture，Division of Plant Industry，Tallahassee.

Johnson，W. T.，and Lyon，H. H. 1991. Insects That Feed on Trees and Shrubs. 2nd ed. Cornell University Press，Ithaca，NY.

Pfeiffer，D. G.，Hull，L. A.，Biddinger，D. J.，and Killian，J. C. 1995. Apple—Indirect pests. Pages 18 - 43 in：Mid - Atlantic Orchard Monitoring Guide. H. W. Hogmire，ed. Northeast Reg. Agric. Eng. Serv. Publ. 75. Ithaca，NY.

Sorensen，K. A.，and Baker，J. R.，eds. 1994. Insects and Related Pests of Vegetables：Some Important and Potential Pests in Southeastern United States. N. C. Agric. Ext. Serv. Publ. AG - 295. North Carolina State University，Raleigh.

Cranshaw，W. 2004. Garden Insects of North America. Princeton University Press，Princeton. NJ.

Johnson，W. T.，and Lyon，H. H. 1991. Insects That Feed on Trees and Shrubs. 2nd ed. Cornell University Press，Ithaca，NY.

Pfeiffer，D. G.，Hull，L. A.，Biddinger，D. J.，and Killian，J. C. 1995. Apple—Indirect pests. Pages 18 - 43 in：Mid - Atlantic Orchard Monitoring Guide. H. W. Hogmire，ed. Northeast Reg. Agric. Eng. Serv. Publ. 75. Ithaca，NY.

Mizell，R. F.，and Schiffhauer，D. E. 1991. Biology，effect on hosts，and control of the azalea leafminer (Lepidoptera：Gracillariidae) on nursery stock. Environ. Entomol. 20：597 - 602.

（编写：S. Bambara）

第八节　虫害管理

一、实施整体虫害管理计划

　　杜鹃花的虫害管理应当基于一种避免虫害暴发的计划，实施这种计划将帮助种植者有更多管理选择以减少虫害发生。种植者可以参考以下几点指导、建议来实施整体虫害管理计划。

确定害虫是以杜鹃花为食物。学习取食杜鹃花的害虫的生命周期和生物学特性。学习这些知识将提高诊断的准确性。

在虫害很严重前，应优先定期观测虫群。确定虫害在植物群或单个植物中的感染方式，如集群分布或分散分布。确定害虫啃食后的痕迹，如缺少叶肉、叶片失绿或扭曲生长（图4-36）。如果有条件使用信息素诱捕器，可以通过诱捕器捕捉昆虫并确定具体种类（一般而言，诱捕器会引诱雄性害虫使其粘于陷阱中，如图4-37所示）。使用诱捕器来确定害虫种类有助于准确使用杀虫剂来防治杜鹃花钻心蛾。

掌握正确的灌水、施肥方式以避免虫害暴发。缺水将提高杜鹃花钻心蛾和螨类害虫的发生概率，施肥过量（尤其是氮肥）容易引起蚧虫类、粉虱、蚜虫危害。

移除邻近区域的所有杂草和植物掉落物，这两类物质能为害虫提供越冬场所，并且会成为感染杜鹃花的微生物的来源。

利用高压水枪来快速驱散害虫群体，这种做法能减少杀虫剂的使用，有助于保护害虫天敌。

二、杀虫剂

（一）杀虫剂类型

根据杀虫剂作用不同分为以下类型：

触杀型。药物通过直接接触虫体来杀死害虫，即当害虫经过药物处理的部分，药物接触虫体后进入害虫体内，然后转移到害虫的某些器官发挥作用，从而杀死害虫。

胃毒型。当害虫取食了施药部分，药剂进入害虫体内而毒死害虫。

转化型。药剂穿透进入植物组织，形成残留活性物质，这种物质能持续为植物提供保护，避免害虫啃食植物。

系统型。由根系吸收进而输送到植物全株，主要用于预防刺吸式口器害虫，如蚜虫、粉虱等。这种杀虫剂还常用于预防某些钻木害虫。

（二）杀虫剂效果

有3个重要的因素可以影响杀虫剂对抑制杜鹃花害虫的效果：①喷洒全面。全面喷洒才能产生足够的杀虫效果，特别是在使用触杀型杀虫剂时。②施药时间。应在害虫最为活跃时喷药，如幼虫、若虫、成虫。大多数杀虫剂对卵和蛹的有效性最小。③频率。对于前一次施药时还处于不敏感状态的害虫可以重复施用杀虫剂。

除此以外，偶尔更换不同作用模式的杀虫剂对于避免害虫产生耐药性很有必要（作用模式是指杀虫剂影响害虫的新陈代谢过程和生理过程）。表4-2列出了杀虫剂对杜鹃花害虫的作用模式和普通商品名（有效成分）。

杀虫肥皂（脂肪酸钾盐）、石油石蜡制成的园艺杀虫油、印度楝树油（*Azadirachta indica*）中的疏水基提取物可以抑制绝大多数杜鹃花害虫成群生长，如蚧虫类、蚜虫、网蝽、蓟马、螨类。杀虫肥皂和园艺杀虫油为触杀型，可以杀死几乎所有生命阶段的害虫，如卵、若虫（幼虫）、成虫。另外，同商用或广谱杀虫剂相比较，尽管天敌接触杀虫肥皂

表4-2 用于杜鹃花不同虫害的杀虫剂及其作用模式（成分①）

名称②	作用模式③	粉虱	蚜虫	蓟马	粉蚧	介壳虫	螨虫	潜叶虫	毛虫	网蟥	甲虫	钻心虫
乙酰胆碱酯酶抑制剂												
Acephate (1B) 乙酰甲胺磷	C, S, T	√	√	√	√	√		√	√	√	√	
Carbaryl (1A) 胺甲萘	C	√	√	√	√	√		√	√	√	√	√
Chlorpyrifos (1B) 毒死蜱	C	√	√	√	√	√		√	√	√	√	√
Methiocarb (1A) 甲硫威	C	√	√	√	√	√	√					
延长钠通道开放时间												
Bifenthrin (3) 联苯菊酯	C	√	√	√	√	√	√	√	√	√	√	√
Cyfluthrin (3) 氟氯氰菊酯	C	√	√	√	√	√		√	√	√	√	
Fenpropathrin (3) 甲氰菊酯	C	√	√	√	√	√	√		√	√	√	
Fluvalinate (3) 氟胺氰菊酯	C	√	√	√	√	√	√			√	√	
Lambda-cyhalothrin (3) 高效氯氟氰菊酯	C	√	√	√	√	√	√			√		
Permethrin (3) 苄氯菊酯	C	√	√	√	√	√			√	√	√	√
烟碱乙酰胆碱受体干扰物												
Acetamiprid (4A) 啶虫脒	C, S, T	√	√	√	√	√		√	√	√	√	
Clothianidin (4A) 噻虫胺	C, S, T	√	√	√	√	√		√		√		
Dinotefuran (4A) 呋虫胺	C, S, T	√	√	√	√	√				√		√
Imidacloprid (4A) 吡虫啉	C, S, T	√	√	√	√	√				√	√	√
Thiamethoxam (4A) 噻虫嗪	C, S, T	√	√	√	√	√				√	√	√
烟碱乙酰胆碱受体和GABA氯通道激活剂												
Spinosad (5) 多杀菌素	C, S, ST			√				√	√		√	
氯通道激活剂												
Abamectin (6) 阿维菌素	C, T	√	√	√			√	√				

（续）

名称②	作用模式①	粉虱	蚜虫	蓟马	粉蚧	介壳虫	螨虫	潜叶虫	毛虫	网蝽	甲虫	钻心虫
保幼激素抑制剂												
Pyriproxyfen (7C) 吡丙醚	C	√	√			√						
几丁质合成抑制剂												
Buprofezin (16) 噻嗪酮	C		√		√	√						
Cyromazine (17) 环丙氨嗪	C							√				
Diflubenzuron (15) 除虫脲	C								√			
Etoxazole (10B) 乙螨唑	C, T						√					
生长和胚胎发生抑制剂												
Hexythiazox (10A) 噻螨酮	C						√					
Clofentezine (10A) 四螨嗪	C						√					
选择性取食阻断剂												
Pymetrozine (9B) 吡蚜酮	C, S, T		√	√	√							
Flonicamid (9C) 氟啶虫酰胺	C, S, T		√	√	√	√						
昆虫中肠膜干扰剂												
Bacillus thuringiensis subsp. kurstaki 苏云金芽孢杆菌亚种	ST								√			
氧化磷酸化解偶联剂												
Chlorfenapyr (13) 溴虫腈	C, T			√			√		√			
氧化磷酸化解抑制剂												
Fenbutation-oxide (12B) 苯丁锡	C						√					
线粒体电子传递抑制剂												
Acequinocyl (20B) 灭螨醌	C						√					
Fenazaquin (21) 喹螨醚	C		√				√					

（续）

名称②	作用模式③	粉虱	蚜虫	蓟马	粉蚧	介壳虫	螨虫	潜叶虫	毛虫	网蝽	甲虫	钻心虫
Fenpyroximate (21) 唑螨酯	C						√					
Pyridaben (21) 哒螨灵	C	√			√		√					
Tolfenpyrad (21A) 唑虫酰胺	C	√	√	√		√			√			
干燥剂或膜干扰剂												
Clarified hydrophobic extract of neem oil 澄清印度楝树油的疏水提取物	C	√	√	√	√	√						
Paraffinic oil 石蜡油	C	√	√	√	√	√	√	√		√		
Petroleum oil 矿物油	C	√	√	√	√	√	√	√		√	√	
Potassium salts of fatty acids 脂肪酸钾盐	C	√	√	√	√	√	√	√		√	√	
脂质生物合成抑制剂												
Spiromesifen (23) 螺甲螨酯	C, T	√					√					
Spirotetramat (23) 螺虫乙酯	C, S, T	√	√	√	√	√						
兰尼定受体干扰物												
Chlorantraniliprole (28) 氯虫苯甲酰胺	C, S	√	√	√	√					√		√
未知或不确定												
Azadirachtin 印楝素	C, ST	√	√	√	√			√	√			
Bifenazate 联苯肼酯	C						√					
Pyridalyl 啶虫丙醚	C, T, ST			√								

注：①部分所列药剂仅在温室促成栽培和繁殖时使用，并且应按照产品说明书上的方法使用；②杀虫剂名称，杀虫剂名称后面数字为杀虫剂抗性作用委员会 IRAC 编码；③作用模式：C=触杀型，S=系统型，ST=胃毒型，T=转化型。

和园艺杀虫油后也会被杀死，这些产品通常对害虫天敌伤害较小。使用这些产品最主要的益处是残留最少，同商用杀虫剂相比，这类产品可以使天敌能更快地返回到植物体上。

（三）安全使用杀虫剂

种植者在调配或使用任何一种杀虫剂时，必须先仔细阅读说明书。说明书包含正确的使用浓度、使用间隔时间、使用限制、施药时的防护措施（护目镜、手套、鞋、裤、帽）以及安全期。建议种植者每次用药前都阅读一次说明书，因为说明书可能每年会做改动。种植者调配和使用药剂时应确保自己正确佩戴防护用品，如图 4-38 所示。

三、生物防治

很多种生物防治方法可以用来控制危害杜鹃花的害虫，包括天敌 *Hippodamia parenthesis*（图 4-39）、*Chrysoperia rufilabris*。这两者都能以蚜虫、粉虱、蚧虫、螨类为食。

合理地使用杀虫剂可以最大限度保留天敌种群，如通过减少使用次数、使用精选的杀虫剂、使用时避免喷到天敌。如果大部分害虫种群被杀虫剂杀死，则天敌种群将因为缺乏食物而无法维持。所以，天敌种群会显著减少或迁徙到其他地区。而在一些案例中，不使用杀虫剂能让天敌控制害虫数量。

（编写：R. A. Cloyd）

参 考 文 献

Cranshaw，W. 2004. Garden Insects of North America. Princeton University Press，Princeton，NJ.

Dreistadt，S. H. 2004. Pests of Landscape Trees and Shrubs：An Integrated Pest Management Guide. 2nd ed. Agric. Nat. Res. Publ. 3359. University of California，Oakland.

Johnson，W. T.，and Lyon，H. H. 1988. Insects That Feed on Trees and Shrubs. 2nd ed. Cornell University Press，Ithaca. NY.

Krischik，V.，and Davidson，J.，eds. 2004. IPM（Integrated Pest Management）of Midwest Landscapes. Minn. Agric. Exp. Stn. Publ，SB07645. University of Minnesota，St. Paul.

Olkowski. W.，Daar，S.，and Olkowski，H. 1991. Common - Sense Pest Control. Taunton Press，Newtown，CT.

O'Connor - Marer，P. J. 2000. The Safe and Effective Use of Pesticides. Agric. Nat. Res. Publ. 3324. University of California，Oakland.

图1-1 大田中樟疫霉引起的疫霉属根腐病和枯萎病

图1-2 景观绿地中樟疫霉疫霉属根腐病引起中间位置的杜鹃花死亡

图1-3 感染樟疫霉疫霉属根腐病的杜鹃花萎蔫（右），未接种对照（左）

图1-4 接种樟疫霉四个月后，健康踯躅杜鹃'Hinodegirl'（左）与根腐病严重植株（右）的对比

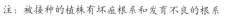

注：被接种的植株有坏疽根系和发育不良的根系

图1-5 感染疫霉属根腐病的地栽杜鹃花，其根颈处长出的新根

图1-6 柑橘生疫霉引起的杜鹃花根颈溃疡

图1-7 疫霉属真菌混合样品毒饵（内置山茶叶片）

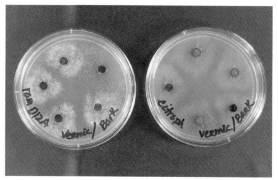

图1-8 山茶叶片经混合感染后分离出的疫霉属真菌

图 1-9　踯躅杜鹃'Hinodegirl'地栽
　　　 一年后死于樟疫霉引起的疫
　　　 霉属根腐病

图 1-10　踯躅杜鹃'Hinodegirl'高苗
　　　　床栽植，尽管苗床内含有樟
　　　　疫霉但仍生长旺盛

图 1-11　踯躅杜鹃蜜环菌属根腐根
　　　　颈溃疡和木质部变色特征

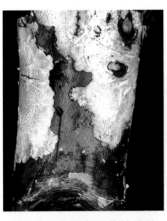

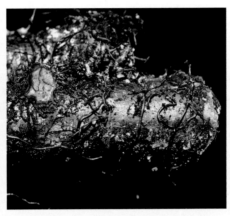

图 1-12　感染蜜环菌植株的
　　　　下部茎，去除树皮
　　　　可见树皮与木质部
　　　　间典型的白色菌毯

图 1-13　患病根系上蜜环菌
　　　　黑色线状的菌索

图 1-14　患病根系上蜜环菌的子实体

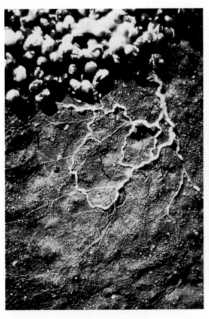

图 1-15　*Phymatotrichopsis omnivora*
　　　　的菌丝在土中蔓延

图 1-16　土壤表面 *Phymatotrichopsis omnivora* 的孢子垫

图1-17 *Phymatotrichopsis omnivora* 的菌核

图1-18 腐霉属真菌引起的已
成活扦插枝条茎坏疽

图1-19 扦插繁殖过程中的丝核菌根腐，未感染的插条（左）与接种的插条（右）
注：染病植株中有死亡的芽点

图1-20 夏季密集摆放的'Gumpo'踯躅
杜鹃中发生的丝核菌叶枯病

图1-21 扦插繁殖过程中丝核菌叶枯病
引起的踯躅杜鹃插条落叶

图1-22 'Gumpo'踯躅杜鹃树冠内部叶片患丝核菌
叶枯病的初始症状
注：内部叶片坏死并不明显；因此苗圃中心需检查苗情

图1-23 丝核菌叶枯病进一步发展，
踯躅杜鹃树冠外部可见枯叶

图1-24 留在植株上的枯叶一部分为自然凋落,另一部分被双核丝核菌的菌丝粘附(菌丝不可见)

图1-25 踯躅杜鹃外部叶片上由双核丝核菌引起的不连续的叶斑

图1-26 马铃薯葡萄糖培养基上培育的双核丝核菌

注:暗色的菌丝带为组培中形成的菌核

图1-27 拉大植株间距能延迟丝核菌叶枯病发病1~2周,但部分植株仍然会发病

图1-28 葡萄座腔菌属枯枝病在杜鹃上引起的叶片枯萎(左上)

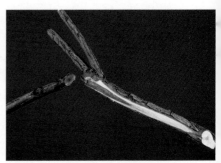

图1-29 患葡萄座腔菌属枯枝病的杜鹃花茎干呈现红棕色

图1-30 景观绿地中患葡萄座腔菌属枯枝病的杜鹃花

图1-31 拟茎点霉属枯枝病的特征,踯躅杜鹃的"枯叶旗"

图1-32　拟茎点霉属枯枝病引起的
踯躅杜鹃枯枝

图1-33　拟茎点霉属枯枝病引起的踯躅杜鹃茎干典型
红棕色变色

图1-34　患拟茎点霉属枯枝病的踯躅杜鹃，
其主茎刮去树皮后可见红棕色变色

图1-35　柑橘生疫霉感染杜鹃花枝条和叶柄

图1-36　栎树猝死病病菌从地面传播到
最顶部叶片引起的初始症状

图1-37　疫霉属枯枝病叶片卷曲易脆，
幼叶组织坏疽

图1-38　疫霉属枯枝病从病叶叶柄向枝条扩散时导
致枝条溃疡

图1-39　疫霉属真菌由受害枝条（中）
转移，引起健康枝条枯枝（左）

图 1-40 感染栎树猝死病病菌而死亡、发病
　　　　的盆栽杜鹃花

图 1-41 疫霉属枯枝病典型的"V"字形坏死
　　　　区域，坏死由叶柄沿中脉扩展

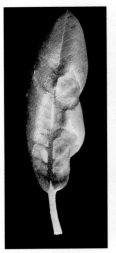

1-42 *Phytophthora
syringae* 引起
的叶斑

图 1-43 *Phytophthora syringae*
引起的枝条溃疡和枯
枝病

图 1-44 踯躅杜鹃叶片呈水渍状（典型的疫霉属枯枝病初始症状）

图 1-45 枝条枯死后，疫霉属枯枝病蔓延
　　　　至树主干根颈处

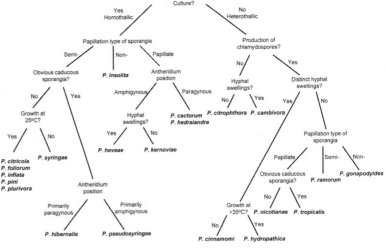

图 1-46 引起杜鹃花疫霉属枯枝病的病原体识别要点

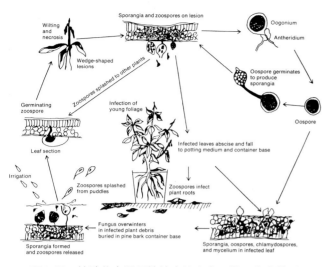

图1-47 杜鹃花疫霉属枯枝病的疾病周期、发病模型

图1-48 烟草疫霉从地面传播至正在生长的叶片后引起叶片损伤

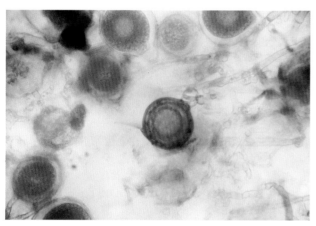

图1-49 杜鹃花叶片下表面橡胶树疫霉的合子（中）和孢子囊（边缘），叶片经过接种和保湿室培养

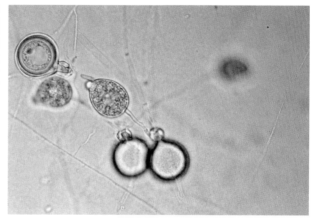

图1-50 橡胶树疫霉合子萌发形成游动孢子（中）和未萌发的合子（左上）

图1-51 由恶疫霉引起的杜鹃花枯枝病，有时过多氮肥能加重枯枝病

图1-52 容器苗置于碎石上以阻止病原体从地面传播到植株上

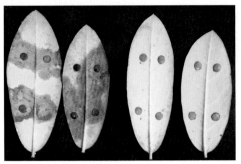

图1-53 杜鹃花离体叶片分析，右侧两片叶由药物精甲霜灵处理，左侧两片叶未处理，随后接种栎树猝死病病菌

图1-54 踯躅杜鹃叶片呈现出帚梗柱孢菌属枯萎病典型叶斑症状

图1-55 帚梗柱孢菌属花瓣枯萎病造成的杜鹃花瓣损伤

图1-56 帚梗柱孢菌属根腐直到发病严重时才会被人注意，右侧两株叶片出现枯萎

图1-57 帚梗柱孢菌属根腐导致踯躅杜鹃死亡

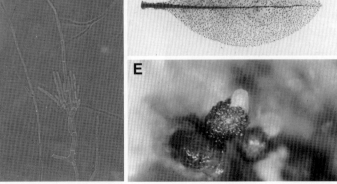

图1-58 帚梗柱孢菌属根腐引起一盆内三株苗中的一株死亡

图1-59 帚梗柱孢菌属的繁殖过程
A.患病枯萎的踯躅叶片上形成分生孢子　B.A部分分生孢子的特写　C.*C. scoparium*的有隔分生孢子，以及具囊的菌柄　D.患病叶片上的微菌核，已去色　E.踯躅叶片上*Calonectria*属的子囊壳，为*C. floridanum*的完全阶段

图1-60 用踯躅杜鹃叶片从染病基质中收集帚梗柱孢菌的诱饵分离法

图1-61 杜鹃芽链束梗孢的孢梗束

图1-62 杜鹃花 *R. nudiflorum* 叶片上的杜鹃花瘿瘤病

图1-63 杜鹃花瘿瘤病典型的绿色瘿瘤，表面开始形成白霜

图1-64 踯躅杜鹃上红色的瘿瘤

图1-65 踯躅杜鹃叶片上大型瘿瘤，上面覆盖泛白的真菌

图1-66 可能是 *Exobasidium burtii* 引起的高山杜鹃黄色叶斑

图1-67 由外担子菌属真菌引起的高山杜鹃叶片失绿

图1-68 踯躅品种'Formosa'患花瓣枯萎病初始症状

注：花瓣上清晰的半透明损伤和留在花瓣上的雨水

图1-69　杜鹃花瓣水渍状，花瓣枯萎病早期症状

图1-70　高山杜鹃患花瓣枯萎病，花朵疲软呈水渍状

图1-71　温室生长的踯躅杜鹃患花瓣枯萎病

图1-72　花瓣上白色的区域为 *Ovulinia azaleae* 所形成的菌核

图1-73　患病花瓣中卵孢核盘菌属的菌核

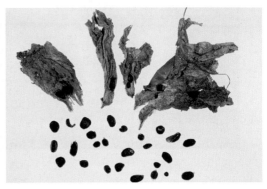

图1-74　枯萎花朵中 *Ovulinia azaleae* 的黑色菌核

图1-75　从 *Ovulinia azaleae* 的黑色菌核中长出的子囊盘

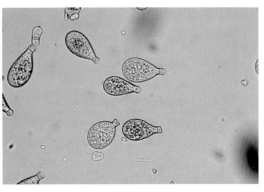

图1-76　花瓣枯萎病真菌的分生孢子
注：可见分生孢子的足细胞

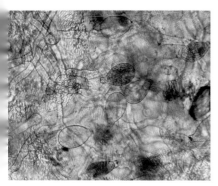

图1-77 杜鹃花瓣组织中卵孢核盘菌属真菌的菌丝和分生孢子

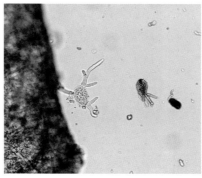

图1-78 正在萌发的卵孢核盘菌属真菌分生孢子

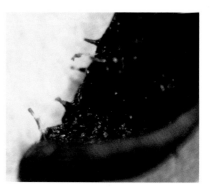

图1-79 卵孢核盘菌属菌核及其特征刺

图1-80 落叶踯躅上的菌丝和分生孢子（白粉病的特征）

图1-81 高山杜鹃'Purple Splendor'患白粉病

图1-82 杜鹃叶片上表面由白粉病引起的弥散性黄化叶斑

图1-83 杜鹃叶片下表面由白粉病引起的弥散性紫色叶斑

图1-84 夏末，白粉病在落叶踯躅杜鹃叶片上覆盖一层白色菌丝

图1-85 白粉病使得落叶踯躅杜鹃叶片扭曲变皱

图 1-86 白粉菌属真菌在杜鹃花上
产生的分生孢子

图 1-87 白粉菌属真菌在羊踯躅上
的闭囊壳（有性状态）

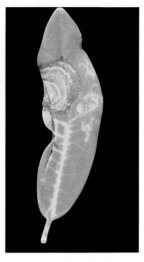

图 1-88 受灰葡萄孢感
染的杜鹃叶片

图 1-89 受灰葡萄孢感染的杜鹃花朵

图 1-90 踯躅杜鹃繁殖过程中茎上携带的
葡萄孢属真菌菌核

图 1-91 盘多毛孢属真
菌造成的杜鹃
花叶斑，叶尖
附近形成分生
孢子器

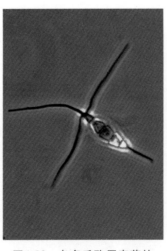

图 1-92 盘多毛孢属真菌的
分生孢子

图 1-93 踯躅杜鹃幼叶的炭疽病叶斑（左图为
上表面，右图为下表面）

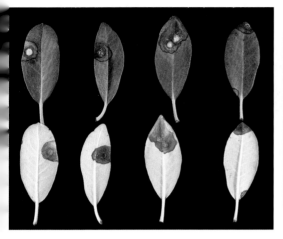

图1-94　高山杜鹃老叶上的炭疽病叶斑（上图
为上表面，下图为下表面）

图1-95　踯躅杜鹃患尾孢属叶斑病的症状

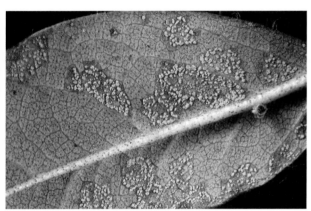

图1-96　杜鹃花叶锈病，橘黄色夏孢子是其特征

图1-97　落叶踯躅杜鹃叶片
上表面（左）的锈病
症状，叶片下表面
（右）的夏孢子堆

图1-98　落叶踯躅杜鹃叶片
下表面上的夏孢子
堆和夏孢子

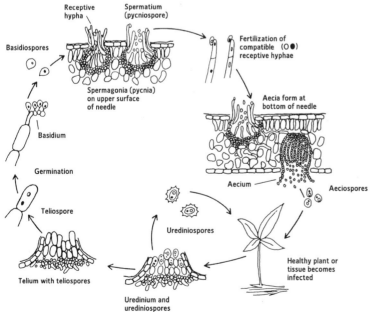

图1-99　杜鹃花属植物长世代锈病的典型生命周期

图1-100　杜鹃花基部的冠瘿

图 1-101　冠瘿病生物防控（左图为未处理植株，右图为处理植株）

图 1-102　杜鹃花叶片下表面出现的炭疽环斑

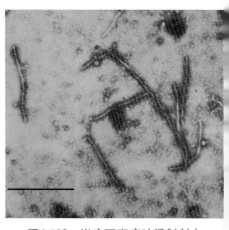

图 1-103　炭疽环斑病叶浸制剂中疑似病毒的颗粒

图 1-104　杜鹃花品种'Unique'上的炭疽环斑

图 1-105　杜鹃花叶片变皱失绿（原因未知）

图 1-106　杜鹃花品种'George Lindley Tabor'由未知病毒引起的炭疽环、斑点和失绿

图 1-107　杜鹃花品种'Mrs. G. G. Gerbing'上由未知病毒引起的较大炭疽

图 1-108　杜鹃花品种'Mrs. G. G. Gerbing'上由未知病毒引起的炭疽环和失绿环

图 1-109　杜鹃花品种'George Lindley Tabor'上由未知病毒引起的线状炭疽

图 1-110 杜鹃花品种 'Pride of Mobile' 上由未知病毒引起的炭疽环斑

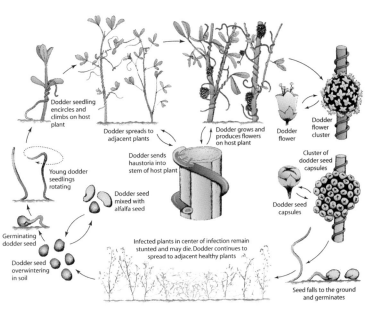

图 1-111 寄生植物菟丝子 (*Cuscuta* sp.) 在踯躅上的危害过程

图 1-113 两枚根节线虫 (*Meloidogyne arenaria*) 的雌性囊孢, 其中一枚远离踯躅杜鹃根系, 一枚嵌入根瘤并含有卵

图 1-112 踯躅杜鹃品种 'Chimes' 促成栽培中由根节线虫 (*Meloidogyne arenaria*) 引起的根瘤

图 1-114 由叶片线虫引起的常绿踯躅杜鹃新叶失绿

图 1-115 由叶片线虫引起的常绿踯躅杜鹃新叶失绿的特写

图 1-116 由 *Cephaleuros virescens* 引起的藻类茎感染

图2-1　杜鹃品种'Graf Zepplin'因低温引起
　　　的严重叶伤

图2-2　杜鹃芽苞开裂

图2-4　杜鹃花缺铁而引起的失绿症

图2-3　因低温引起的树皮开裂和环剥（杜鹃花品种
　　　'Roseum Elegans'）

图2-5　因施用含硼酸的石膏肥而引起的
　　　杜鹃花硼中毒

图2-6　健康的踯躅杜鹃（左），受臭氧伤害
　　　的踯躅杜鹃（右）

图2-7 臭氧引起的踯躅杜鹃叶片斑点

图2-8 健康的踯躅杜鹃（左），暴露于臭氧下并接种樟疫霉的踯躅杜鹃（右）

图2-9 受五氯苯酚影响，杜鹃花叶片展现出环状花纹

图2-10 杜鹃花组织增生，植株基部有胼胝体样组织（上），胼胝体样组织上长出萌蘖（下）

图2-11 踯躅杜鹃丛枝病

注：细小的枝条和叶片从树冠上萌发（下）

图2-12 高山杜鹃丛枝病

注：丛枝和叶片从树冠上萌发

图3-1　感染栎树猝死病的杜鹃花

图3-2　日本甲虫成虫（一种杜鹃花害虫）

图3-3　新西兰禁止输入杜鹃花切花和枝条，以防止 *Ovulinia azaleae* 输入

图3-4　杜鹃花组培瓶（左侧为未感染的控制对照，右侧为感染栎树猝死病的组培苗）

图3-5　将卡车改造为蒸汽消毒处理间

图3-6　用于处理灌溉用水的氯消毒系统（白色管道）

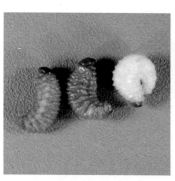

图3-7　左侧两只感染昆虫病原线虫的蛴螬变色并将死去，右侧则为正常

图3-8　感染病原体的昆虫遗骸
注：昆虫遗骸表面和边缘产生白色菌丝但还未形成孢子（左），对比遗骸表面覆盖绿色的孢子（右）

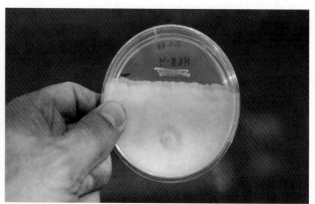

图3-9　成年草莓金龟子感染病原体
注：白色菌丝从金龟子身上多处长出

图3-10　用拮抗细菌抑制腐霉属菌株

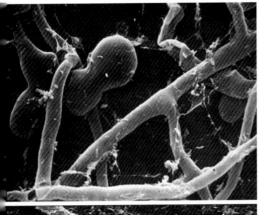
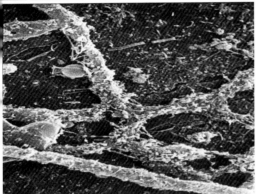

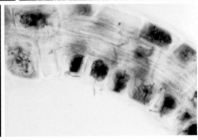

图3-11　抑制型土壤中（上）Phytophthora
cinnamomi 的菌丝对比非抑制型土
壤中（下）可见菌丝裂解

图3-12　珊瑚菌属真菌

注：杜鹃花的一种菌根菌，在植株树冠下长出子实体（左上和右上）；子
　　实体特写（左下）；根皮质的丛枝结构（右下）

图3-13　杜鹃花根被杜鹃花科菌根菌
　　　　重度侵染，染为蓝色

图3-14　容器苗置于具有坡度的碎石苗床上，
　　　　能提供良好的排水和防止水滴飞溅

图4-1 黑葡萄象甲的各个生命阶段（左至右）：卵，1～6龄幼虫，蛹

图4-2 黑葡萄象甲成虫

图4-3 黑葡萄象甲成虫造成的叶片边缘缺刻

图4-4 黑葡萄象甲幼虫环剥根系的特写

图4-5 黑葡萄象甲幼虫环剥根系

图4-6 杜鹃钻心蛾雄虫

图4-7 杜鹃钻心蛾幼虫在杜鹃花枝条内蛀食

图4-8 杜鹃钻心蛾幼虫引起的症状

图4-9 杜鹃钻心蛾幼虫引起的树皮损伤和孔洞

图 4-10　*Eriococcus azalea* 成年雌虫

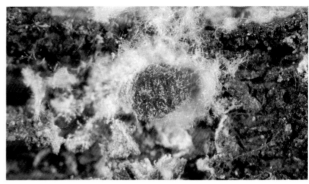

图 4-11　*Eriococcus azalea* 成年雌虫特写，已移除蜡质茧

图 4-12　植物枝干上 *Pulvinaria ericicola* 成虫和幼体

图 4-13　*Pulvinaria floccifera* 成虫

注：其具有光滑的蜡质外壳

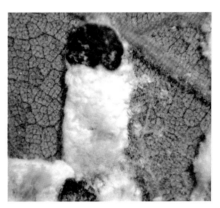

图 4-14　*Pulvinaria floccifera* 的 1 龄虫

图 4-15　叶片中脉上的 *Pseudaonidia paeoniae*

图 4-16　长白盾蚧

注：牡蛎状的保护壳

图 4-17　*Ferrisia virgate* 成虫和许多幼虫

图 4-18　*Pseudococcus longispinus*

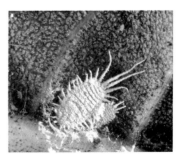

图 4-19　*Pseudococcus maritimus*

图4-20 *Pseudococcus viburni*

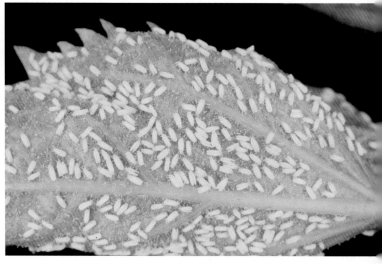

图4-21 叶片背面数量众多的粉虱

图4-22 踯躅杜鹃叶片上的杜鹃网蝽

注：黑色斑点是其排泄物

图4-23 马醉木叶片上的 *Stephanitis takeyai*

注：黑色斑点为其排泄物

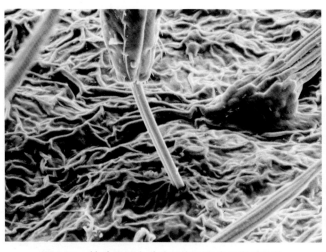

图4-24 杜鹃网蝽在叶片下表面取食的电镜照片

图4-25 杜鹃网蝽的口器

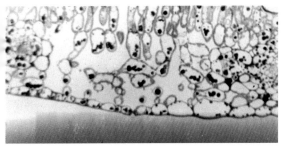

图4-26 健康叶片（上）和染病叶片（下）的横截面。栅状组织中的细胞被杜鹃网蝽取食

图4-27 杜鹃嫩梢瘿蚊引起的损伤

图4-28 草莓金龟子成虫

注：鞘翅上四个斑点的变化

图4-29 *Rhabdopterus picipes* 造成的损伤

图4-30 叶片背面众多的蓟马幼体

注：黑色斑点为其排泄物

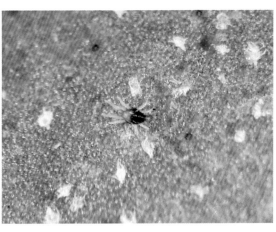

图4-31 *Oligonychus ilicis*

注：脱落的外骨骼呈透明状

图4-32 叶片下表面的 *Tetranychus urticae*

图4-33 *Datana major* 摆出防御性姿势

图4-34 杂色的夜蛾幼虫

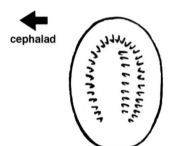

图4-35 *Caloptilia azaleella* 第四腹节足钩排列方式，箭头方向为头部

图4-36 杜鹃网蝽对踯躅杜鹃造成的伤害，叶片失绿

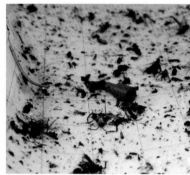

图4-37 信息素诱捕器，用于诱捕雄虫并起到监视作用

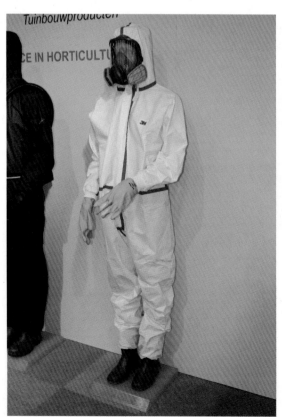

图4-38 施用杀虫剂时可穿戴个人防护服

图4-39 *Hippodamia parenthesis* 幼虫